BestMasters

Weitere Informationen zu dieser Reihe finden Sie unter
http://www.springer.com/series/13198

Mit „BestMasters" zeichnet Springer die besten Masterarbeiten aus, die an renommierten Hochschulen in Deutschland, Österreich und der Schweiz entstanden sind. Die mit Höchstnote ausgezeichneten Arbeiten wurden durch Gutachter zur Veröffentlichung empfohlen und behandeln aktuelle Themen aus unterschiedlichen Fachgebieten der Naturwissenschaften, Psychologie, Technik und Wirtschaft swissenschaften.
Die Reihe wendet sich an Praktiker und Wissenschaftler gleichermaßen und soll insbesondere auch Nachwuchswissenschaftlern Orientierung geben.

David Hoffmann

Neuartige Ylidinkomplexe des Niobs

Synthese und Reaktionen

Mit einem Geleitwort von
Prof. Dr. Alexander C. Filippou

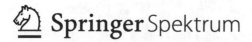 Springer Spektrum

David Hoffmann
Bonn, Deutschland

BestMasters
ISBN 978-3-658-12813-5   ISBN 978-3-658-12814-2   (eBook)
DOI 10.1007/978-3-658-12814-2

Die Deutsche Nationalbibliothek verzeichnet diese Publikation in der Deutschen National-
bibliografie; detaillierte bibliografische Daten sind im Internet über http://dnb.d-nb.de abrufbar.

Springer Spektrum
© Springer Fachmedien Wiesbaden 2016

Gedruckt auf säurefreiem und chlorfrei gebleichtem Papier

Springer Spektrum ist Teil von Springer Nature
Die eingetragene Gesellschaft ist Springer Fachmedien Wiesbaden GmbH

Geleitwort

Der Aufbau und die Erforschung der Reaktivität neuartiger Verbindungen, in denen die beteiligten Elemente in ungewöhnlichen, bisher unbekannten Bindungsmotiven auftreten, ist eine der herausfordernsten Aufgaben der modernen anorganischen Molekülchemie. Erst durch diese Pionierarbeit werden bis dahin etablierte Bindungstheorien auf die Probe gestellt und an ihre Grenzen geführt, um so den Weg zur Entwicklung neuer Modelle zu ebnen. Es ist dieser Prozess, die bekannten Bindungsmodelle durch das Experiment in Frage zu stellen, der uns hilft, die Natur der chemischen Bindung besser zu verstehen.

Während die p-Blockelemente der ersten Langperiode (B – O) bereitwillig p_π-p_π-Mehrfachbindungen eingehen, blieben Verbindungen, die Mehrfachbindungen zu einem p-Blockelement ab der dritten Periode enthalten, für lange Zeit unbekannt. Die Gründe hierfür sind die geringe kinetische und thermodynamische Stabilität ungesättigter Verbindungen der schweren Hauptgruppenelemente, welche mit der geringen Tendenz dieser Elemente zur isovalenten Hybridisierung ihrer s- und p-Valenzorbitale erklärt werden kann. So liegt beispielsweise Kohlenstoffdioxid unter Normalbedingungen als Gas vor, welches aus linearen Molekülen besteht, in denen das C-Atom über zwei C=O-Doppelbindungen an die O-Atome gebunden ist. Im Vergleich dazu ist SiO_2 unter Normalbedingungen fest und bildet in seiner stabilsten Modifikation, dem α-Quarz, ein dreidimensionales Gitter eckenverknüpfter SiO_4-Tetraeder, in denen jedes Si-Atom vier Si-O-Einfachbindungen mit den umgebenden O-Atomen eingeht. Diese Beobachtung hielt als „Doppelbindungsregel" Einzug in die Chemielehrbücher und führte zur Annahme, dass Mehrfachbindungen mit Beteiligung schwerer Hauptgruppenelemente unmöglich seien.

In den letzten 50 Jahren gelang es meist durch die Einführung von sterisch anspruchsvollen Substituenten eine Vielzahl von Gegenbeispielen zu isolieren, welche der Doppelbindungsregel nicht folgen. Viele dieser Verbindungen gehen nicht nur ungewöhnliche Reaktionen ein, sondern weisen auch ungewöhnliche Strukturen auf, für deren Deutung neue bindungstheoretische Modelle entwickelt werden mussten.

In diesem Kontext beschäftigt sich meine Arbeitsgruppe mit der Chemie an niedervalenten Zentren der schweren Tetrele (Si – Pb). Ein besonderes Interesse gilt dabei Komplexen, in denen eine Übergangsmetall-Tetrel-Dreifachbindung vorliegt. Während die Kohlenstoffvertreter (Übergangsmetall-Carbinkomplexe) 1973 erstmals von E. O. Fischer und Mitarbeitern isoliert und später insbesondere durch R. R. Schrock zu einer Klasse effizienter Katalysatoren für die Alkinmetathese mit zahlreichen Anwendungen in der Polymer- und Naturstoffsynthese ausgebaut werden konnten, war die Synthese der schweren Homologen (Silylidin-, Germylidin-, Stannylidin- und Plumbylidin-Komplexe) eine große Herausforderung. Um dieses Ziel zu erreichen, war nicht nur die Entwicklung neuer Strategien sondern auch die mühsame Erschließung geeigneter Tetrel(II)-Vorstufen unerlässlich. So gelang es meiner Gruppe in den letzten 15 Jahren, eine große Zahl von Ylidin-Komplexen zu isolieren, deren gemeinsames Merkmal das Vorliegen einer polaren Dreifachbindung zwischen Übergangsmetall und den Elementen Si – Pb in linearer Koordination ist. Während sich die ersten Studien auf die vielfältige Chemie der Ylidin-Komplexe von Metallen der Gruppe 6 (Cr – W) und auf bindungstheoretische Analysen konzentrierten, haben wir uns in den letzten Jahren der Frage zugewandt, inwieweit solche Bindungen auch mit den anderen d-Metallen und unterschiedlicher Konfiguration geknüpft werden können und damit ein breites Spektrum reaktiver Metall-Tetrel-Dreifachbindungen erschlossen werden kann.

Dieses Ziel hatte die Masterarbeit von David Hoffmann, in welcher erste Germylidin- und Stannylidin-Komplexe des Elements Niob vorgestellt werden. Nach einer eingehenden Literaturrecherche entschied sich Herr Hoffmann, dieses Ziel mittels nukleophiler Substitutionsreaktion von Carbonylniobaten(−I) mit Organotetrel(II)halogeniden zu erreichen. Als Nukleophile dienten hierbei die sehr luftempfindlichen phosphansubstituierten Carbonylniobate(−I) $[NR_4][Nb(CO)_4(\kappa^2\text{-tmps})]$ (**32, 33**; R = Et, Me), welche aus den Hexacarbonylniobaten(−I) $[NR_4][Nb(CO)_6]$ (R = Me, Et) durch photochemischen CO-Ligandenaustausch mit dem Triphosphan $SiMe(CH_2PMe_2)_3$ (tmps) hergestellt wurden. Die gesteigerte Nukleophilie der Niobate(−I) **32** und **33** war der Schlüssel zum Aufbau erster Vertreter der schweren Tetrelylidin-Komplexe $[(\kappa^3\text{-tmps})(CO)_2Nb{\equiv}EAr^{Mes}]$ (**37, 47**; E = Ge, Sn).

Die experimentell anspruchsvolle Masterarbeit von David Hoffmann zeichnet sich durch den logischen Aufbau, die schlüssige und präzise Deutung der Experimente und die anschauliche Präsentation der Ergebnisse aus. Sie weist zudem den Weg zur Knüpfung erster Dreifachbindungen der schweren Elemente der Kohlenstoffgruppe mit Metallen der fünften Gruppe des Periodensystems, deren nicht vorhersehbare Reaktivität das Ziel zukünftiger Untersuchungen bleibt.

Die Lektüre spiegelt das intellektuelle Potential von David Hoffmann wider, dessen Anleitung zum selbstständigen wissenschaftlichen Arbeiten mir große Freude bereitete.

Prof. Dr. Alexander C. Filippou

Danksagung

Mein Dank richtet sich besonders an Herrn Prof. Dr. A. C. Filippou für die Möglichkeit, diese Arbeit unter seiner Betreuung anfertigen zu können und für seine ständige Hilfsbereitschaft in allen wissenschaftlichen Fragestellungen.

Außerdem möchte ich Herrn Prof. Dr. J. Beck für die Übernahme der Zweitbegutachtung meiner Arbeit herzlich danken.

Desweitern bedanke ich mich bei:

- Herrn Dr. K. W. Stumpf für die Betreuung während der praktischen Arbeiten.

- Herrn Dr. J. Tirrée dafür, dass er durch seinen ständigen Einsatz den Laborbetrieb am Laufen hält.

- Herrn Dr. G. Schnakenburg und Frau C. Rödde für die Durchführung der Röntgenstrukturanalysen.

- den Damen und Herren der NMR-Abteilung für die Messung der NMR-Spektren in Lösung.

- Frau A. Martens, Frau C. Spitz und Frau K. Kühnel-Lysek für die Durchführung der Elementaranalysen.

- Herrn Dr. B. Lewall für die Durchführung der elektrochemischen Messungen.

- Herrn Dr. G. Schnakenburg und Herrn Dr. J. Tirrée für die hilfreichen Ratschläge bei der Anfertigung dieser Arbeit.

- allen Mitarbeitern der Arbeitsgruppe für das freundliche Arbeits-
  umfeld und die stete Hilfsbereitschaft.

- meiner Familie und meinen Freunden, ohne deren Unterstützung
  diese Arbeit nicht möglich gewesen wäre.

Inhaltsverzeichnis

1 Einleitung

1.1 Erste Vertreter der Alkylidinkomplexe

Komplexe, in denen Kohlenstoff eine Dreifachbindung zu einem Übergangsmetall ausbildet, sind seit den 70er Jahren bekannt. Die ersten Vertreter dieser sogenannten Carbinkomplexe wurden von Fischer *et al.* im Jahre 1973 vorgestellt. Die Synthese erfolgte ausgehend von den Carbenkomplexen der allgemeinen Formel $[(CO)_5M=C(OMe)R]$, wobei M ein Metall der sechsten Gruppe ist, durch Umsetzung mit Bortrihalogeniden BX_3 (s. Schema 1.1).[1] In Anlehnung an die ver-

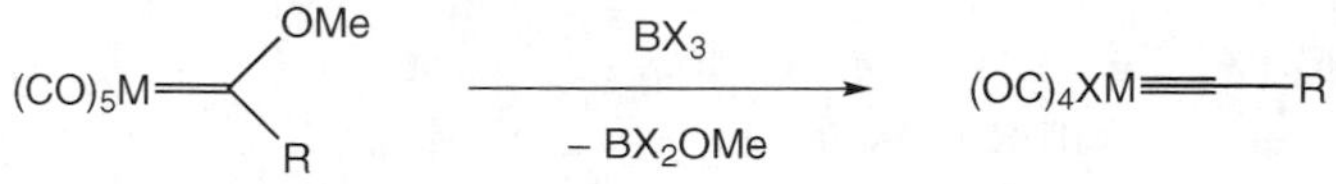

Schema 1.1: Synthese des ersten Carbinkomplexes nach Fischer *et al.* (M = Cr, Mo, W; X = Cl, Br, I; R = Me, Ph).[1]

wandten Carbenkomplexe lässt sich bei den Carbinkomplexen eine Einteilung in den Fischer-Typ (Metall in niedriger Oxidationszahl, π-Akzeptorliganden in der Koordinationssphäre des Metalls) und den Schrock-Typ (Metall in hoher Oxidationsstufe, π-Donorliganden in der Koordinationssphäre des Metalls) vornehmen.[2] Die ersten Komplexe, welche der Schrockklasse zugeordnet werden konnten, wurden im Jahr 1978 von Schrock und Mitarbeitern dargestellt. So wurde beispielsweise der Komplex $[CpTa(CH_2Ph)_3Cl]$ mit zwei Äquivalenten PMe_3 umgesetzt, woraufhin sich nach Eliminierung von zwei Molekülen Toluol der Carbinkomplex $[Cp(Cl)(PMe_3)_2Ta\equiv CPh]$ (**1**) bildete (s. Schema 1.2 auf der nächsten Seite).[3] Die Forschung über die Synthese und Reaktivität dieser Verbindungsklasse konzentrierte sich bald auf Molybdän- und Wolframkomplexe,[4] sodass weitere Verbindungen mit einem Element der Gruppe 5 als Zentralmetall bis heute selten sind.

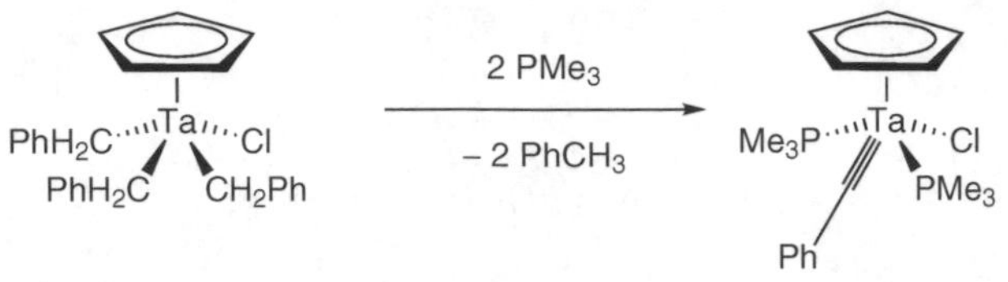

Schema 1.2: Synthese einer der ersten Schrock-Carbinkomplexe.[3]

1.2 Alkylidinkomplexe der Übergangsmetalle der Gruppe 5

Neben dem oben genannten Alkylidinkomplex des Schrock-Typs **1** (s. Schema 1.2), gelang es derselben Arbeitsgruppe außerdem, das Derivat [Cp(Cl)(PMe$_3$)$_2$Ta≡CCMe$_3$] (**2**) sowie die Cp*-Varianten der Verbindungen **1** und **2** darzustellen. Verbindung **2** wurde ausgehend vom Carbenkomplex [Cp(Cl)$_2$Ta=CCMe$_3$] via α-Wasserstoffabstraktion, einmal durch Zugabe einer externen Base (oberer Reaktionsweg), wie auch durch eine interne Base (unterer Reaktionsweg), dargestellt (s. Schema 1.3 auf der nächsten Seite).[3]

Um den Mechanismus der Bildung dieser Alkylidinkomplexe aufzuklären, führte die Arbeitsgruppe außerdem Experimente zur Reduktion des Carbenkomplexes [Cp*(Cl)$_2$Ta=CHCMe$_3$] in Gegenwart von Phosphanen durch. Hierbei konnte der Hydridoalkylidinkomplex [Cp*(PMe$_3$)$_2$(H)Ta≡CCMe$_3$] (**3**) isoliert werden. Das dmpe-Derivat dieser Verbindung (**4**) konnte durch Reduktion des Tantaldialkylkomplexes [Cp*Ta(CH$_2$CMe$_3$)$_2$Cl$_2$] unter Anwesenheit des bidentaten Phosphanliganden dmpe (dmpe = 1,2-Bis(dimethylphosphino)-ethan) hergestellt werden (s. Schema 1.4 auf der nächsten Seite).[5]

1982 beschrieben Schrock *et al.* eine weitere Klasse von Tantalalkylidinkomplexen. Bei den Verbindungen [(dmpe)$_2$XTa=CHCMe$_3$], wobei X ein schwach gebundener, anionischer π-Donorligand wie I$^-$, {ClAlMe$_3$}$^-$ oder {CF$_3$SO$_3$}$^-$ ist, lässt sich ein Gleichgewicht zwischen Alkyliden- und Alkylidinkomplex [(dmpe)$_2$(X)(H)Ta≡CCMe$_3$]

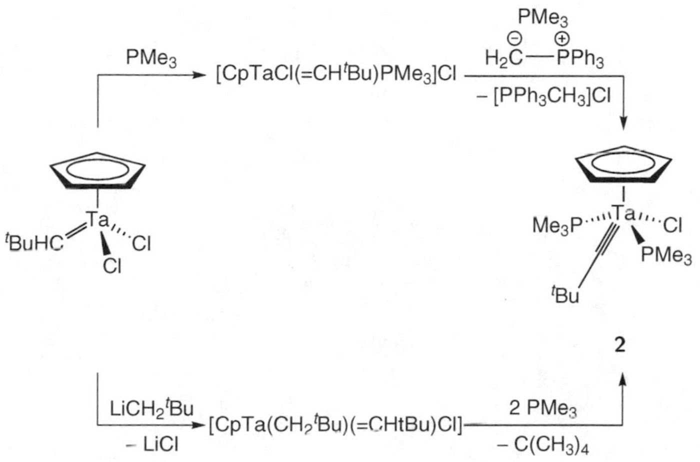

PMe_3

$[CpTaCl(=CH^tBu)PMe_3]Cl$

PMe_3
$\overset{\ominus}{H_2C}$—$\overset{\oplus}{PPh_3}$

$-\,[PPh_3CH_3]Cl$

^tBuHC=Ta····Cl, Cl

Me_3P····Ta····Cl
PMe_3
^tBu

2

$\underset{-\,LiCl}{\xrightarrow{LiCH_2{}^tBu}}$ $[CpTa(CH_2{}^tBu)(=CHtBu)Cl]$ $\underset{-\,C(CH_3)_4}{\xrightarrow{2\ PMe_3}}$

Schema 1.3: Synthese weiterer Carbinkomplexe des Tantals durch Schrock und Mitarbeiter.[3]

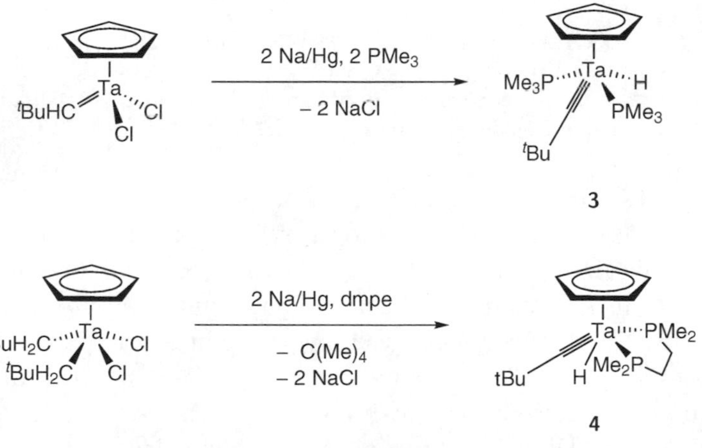

^tBuHC=Ta····Cl, Cl

$\underset{-\,2\ NaCl}{\xrightarrow{2\ Na/Hg,\ 2\ PMe_3}}$

Me_3P····Ta····H
PMe_3
^tBu

3

$^tBuH_2C$····Ta····Cl
$^tBuH_2C$ Cl

$\underset{\begin{subarray}{l}-\,C(Me)_4\\-\,2\ NaCl\end{subarray}}{\xrightarrow{2\ Na/Hg,\ dmpe}}$

Ta·····PMe_2
tBu   H / Me_2P

4

Schema 1.4: Synthese von Hydridocarbinkomplexen des Tantals durch Schrock und Mitarbeiter.[5]

beobachten, dessen Lage zum Beispiel von der Temperatur oder den
π-Donorfähigkeiten des Liganden X abhängt.[6]

Eine beachtliche Anzahl von Carbinkomplexen der Übergangsmetalle der fünften Gruppe wurde von Lippard und Mitarbeitern publiziert. Während der Forschung an Metallkomplexen von Vanadium,

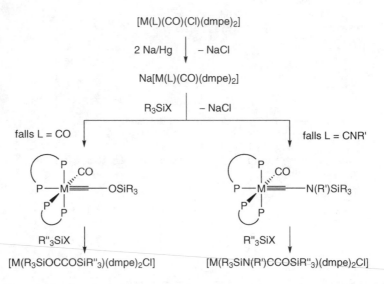

Schema 1.5: Allgemeine Syntheseroute für die von Lippard dargestellten Alkylidinkomplexe der Gruppe 5.[7,8,9,10,11,12,13,14,15]

Niob und Tantal, die zur reduktiven Kupplung von Carbonyl- beziehungsweise Isocyanidliganden zu entsprechenden substituierten Acetylenen fähig sind, identifizierten sie terminale Alkylidinkomplexe dieser Metalle als Intermediate. Die allgemeine Syntheseroute ist in Schema 1.5 dargestellt. Ausgehend von einem Chloridokomplex eines Metalls der Gruppe 5 der allgemeinen Formel [M(L)(CO)(dmpe)$_2$Cl] wird durch Reduktion mit Natriumamalgam das entsprechende Metallat generiert. Dieses reagiert mit einem Äquivalent Halogen- beziehungsweise Pseudohalogensilan R$_3$SiX unter Salzeliminierung zum entsprechenden Carbinkomplex, welcher wiederum mit einem weiteren Äquivalent R$_3$SiX zum Alkinkomplex weiterreagieren kann. Ist

L hierbei CO, so entstehen siloxylsubstituierte Carbinkomplexe vom Typ $[(CO)(dmpe)_2M\equiv COSiR_3]$. Komplexe der allgemeinen Formel $[(CO)(dmpe)_2M\equiv CN(R')SiR_3]$ mit aminosubstituierten Alkylidinliganden bilden sich dagegen, wenn L ein Isocyanidligand ist. Im Zuge dieser Arbeiten wurden auch die ersten terminalen Alkylidinkomplexe des Vanadiums der Form $[(CO)(dmpe)_2V\equiv COSiR_3]$ ($R_3 = Me_3$, $Me_2{}^tBu$, Ph_3)[12] und des Niobs als $[(CO)(dmpe)_2Nb\equiv COSi^iPr_3]$[14] isoliert.

2004 veröffentlichten Mindiola et al. die Synthesen zweier Neopentylidinkomplexe des Vanadiums. Schlüssel zur Darstellung der beiden Komplexe $[(L)(OTf)V\equiv C^tBu]$ und $[(L)(THF)V\equiv C^tBu][BPh_4]$ (L = nacnac = $(2,6\text{-}^iPr_2\text{-}C_6H_3)NC(Me)CHC(Me)N(C_6H_3\text{-}2,6\text{-}^iPr_2))$ ist die durch Einelektronenoxidation induzierte α-H-Abstraktion mittels Silbersalzen aus dem Dialkylkomplex $[(nacnac)V(CH_2{}^tBu)_2]$ beziehungsweise dem Carbenkomplex $[(nacnac)(CH_2TMS)V=CH^tBu]$ (s. Schema 1.6 auf der nächsten Seite).[16] Die Verbindungen, obwohl als Feststoffe thermisch stabil, zerfallen in Lösung bei Raumtemperatur langsam zu den jeweiligen Kreuzmetatheseprodukten 5 und 6 (s. Schema 1.7 auf Seite 7).[16] Die Folgechemie dieser Verbindungen wurde von der Arbeitsgruppe ebenfalls untersucht.[17]

Eine weitere Niobalkylidinverbindung konnte von Pu et al. 2005 isoliert werden. Ihnen gelang es ausgehend von $[CpNbCl_4]$ mittels Triphenylphosphinomethanid den Komplex $[CpCl_2Nb\equiv CPPh_3]$ (7) darzustellen. Die Reaktion verläuft vermutlich zunächst über das Addukt $[CpNbCl_4(CH_2PPh_3)]$ (8), welches anschließend von zwei weiteren Einheiten des Phosphanylids deprotoniert wird, gefolgt von einer Salzeliminierung. Obwohl das Addukt 8 durch Umsetzung des Edukts mit nur einem Äquivalent Phosphanylid erfolgreich isoliert werden und mit zwei weiteren Äquivalenten anschließend zur Verbindung 7 überführt werden konnte, war es nicht möglich, den Carbenkomplex $[CpCl_3Nb=C(H)PPh_3]$ (9) spektroskopisch zu identifizieren. Dieser sollte beim vorgeschlagenen Reaktionsweg als Intermediat auftreten (s. Schema 1.8 auf Seite 7).[19]

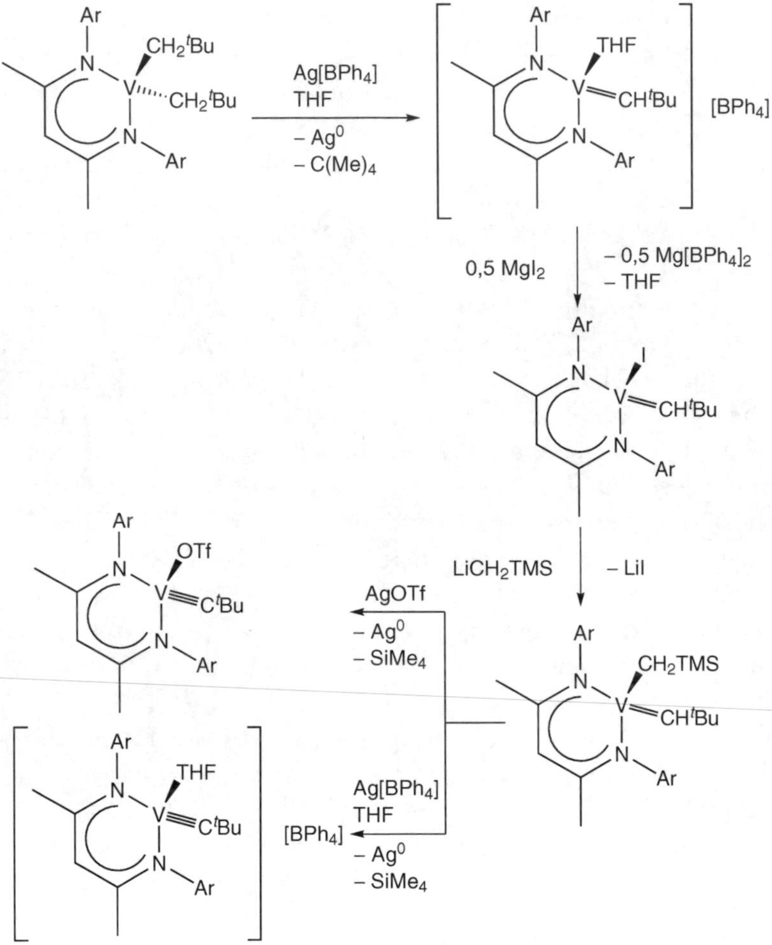

Schema 1.6: Synthese der von Mindiola und Mitarbeitern dargestellten Vanadiumalkylidinkomplexe (Ar = 2,6-^{i}Pr$_2$-C$_6$H$_3$).[16,18]

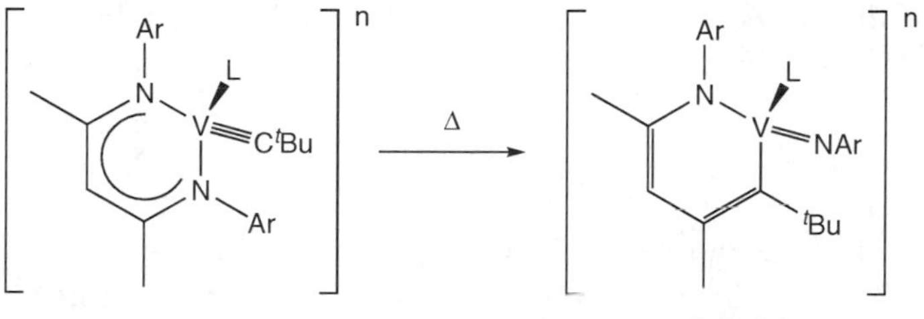

5 und 6

Schema 1.7: Allgemeine Zersetzungsreaktion der Vanadiumalkylidinkomplexe von Mindiola und Mitarbeitern (Ar $=C_6H_3$-2,6-^{i}Pr$_2$; **5**: L = OTf, n = 0; **6**: L = THF, n = +1).[16]

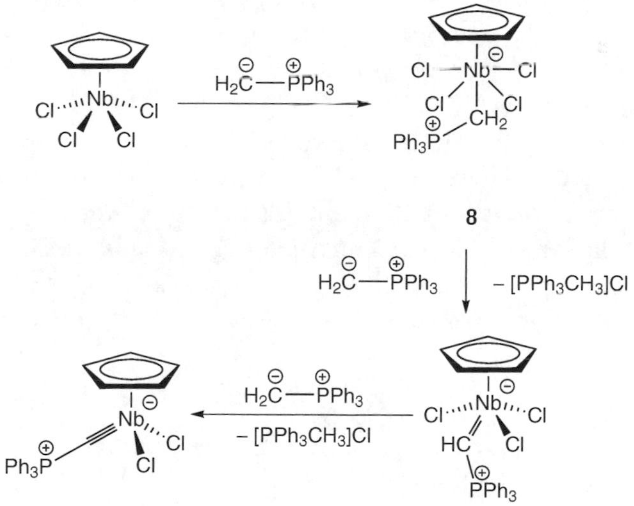

Schema 1.8: Synthese des Niobcarbinkomplexes **7** von Li und Mitarbeitern.[19]

1.3 Carbinanaloge Verbindungen der schweren Homologen des Kohlenstoffs

Tetrelylidinkomplexe mit einer Dreifachbindung zwischen einem Übergangsmetall und einem schweren Homologen des Kohlenstoffs sind seit der Synthese des ersten Germylidinkomplexes [Cp(CO)$_2$-Mo≡GeAr^{Mes}] (**10**) aus dem Jahre 1996 von Power *et al.* bekannt. Hierbei wurde das Übergangsmetallat Na[CpMo(CO)$_3$] (**11**) in einer Salzmetathesereaktion zunächst mit dem Chlorogermylen Ar^{Mes}GeCl (Ar^{Mes} = C$_6$H$_3$-2,6-Mes$_2$; **12**) vermutlich zum Metallagermylen [Cp(CO)$_3$MoGeAr^{Mes}] umgesetzt, obwohl diese Zwischenstufe nicht isoliert werden konnte. Zur Erzeugung eines 15-Valenzelektronenfragments, welches nötig ist, um nach dem Isolobalkonzept eine Dreifachbindung zu einem {Ge-R}-Fragment aufzubauen, muss aus dieser Verbindung noch CO abgespalten werden. Dies erfolgt bei der Synthese von Verbindung **10** bereits ab einer Temperatur von − 20 °C (s. Schema 1.9). Im Falle der von derselben Arbeitsgruppe in den folgenden Jahren dargestellten Chrom- und Wolframverbindungen [Cp(CO)$_2$M≡GeAr^{Trip}] (M = Cr, W; Ar^{Trip} = C$_6$H$_3$-2,6-(C$_6$H$_2$-2,4,6-^{i}Pr$_3$)$_2$) lässt sich die Metallagermylenzwischenstufe jedoch isolieren.[20,21] Wechselt man allerdings das Tetrelatom und verwendet die zu **12** analoge Zinn- beziehungsweise Bleiverbindung, so lassen sich auf diesem Wege keine Stannylidin- respektive Plumbylidinkomplexe darstellen, da die Reaktion auf der Stufe der Metallatetrelylene[22,23] stehen bleibt, welche kein CO eliminieren.

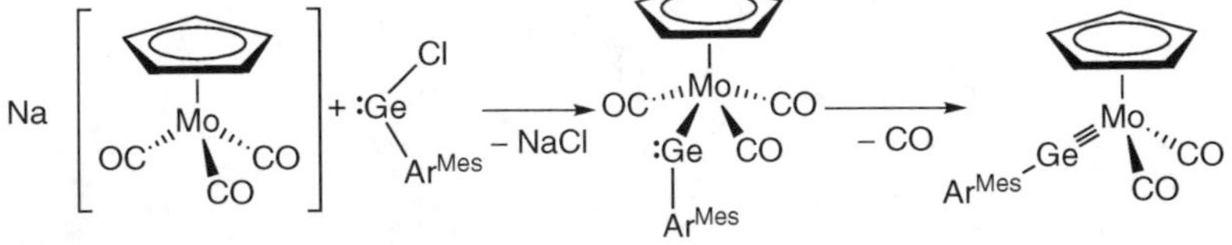

Schema 1.9: Synthese des ersten Germylidinkomplexes von Power und Mitarbeitern.[20]

Die Synthese erster Vertreter der Tetrelylidinkomplexe des Zinns (s. Schema 1.10) und Bleis gelang mit der Isolierung der Verbindungen $trans$-$[Cl(PMe_3)_4W{\equiv}SnAr^{Mes}]$ (**13**)[24] und $trans$-$[Br(PMe_3)_4Mo{\equiv}PbAr^{Trip}]$[25] in der Arbeitsgruppe von A. C. Filippou auf alternativem Wege. Hierbei werden Übergangsmetallkomplexe eingesetzt, die labil gebundene Liganden wie PMe_3[26] oder Distickstoff[27] enthalten. Nach thermischer Eliminierung dieser Liganden kommt es formal zur Insertion des Übergangsmetalls in die Tetrel-Halogen-Bindung von Verbindungen des Typs R-E-X (X = Halogenatom; E = Ge, Sn, Pb; R = Cp*, m-Terphenyl).

Schema 1.10: Darstellung des ersten Stannylidinkomplexes **13** nach Filippou und Mitarbeitern.[24]

Vervollständigt wurde die Reihe der schwereren carbinanalogen Komplexe durch die Synthese der Verbindung $[Cp(CO)_2Mo{\equiv}SiAr^{Trip}]$ (**15**), dem ersten Silylidinkomplex.[28] Dieser wurde von Filippou et $al.$ ausgehend vom Metallat $Li[CpMo(CO)_3]$ durch Salzmetathese mit dem NHC-stabilisierten Arylsiliciumchlorid $Ar^{Trip}SiCl(Im\text{-}Me_4)$ ($Im\text{-}Me_4$ = Tetramethylimidazol-2-yliden) und anschließender Carbenabstraktion mittels der Lewissäure $(p\text{-}tol)_3B$ ($p\text{-}tol = C_6H_4\text{-}4\text{-}Me$) aus dem hierbei gebildeten zwitterionischen Molybdänsilylenkomplex $[Cp(CO)_2Mo{=}Si(Im\text{-}Me_4)Ar^{Trip}]$ synthetisiert. Der Umweg über basenstabilisierte Arylsilicium(II)-verbindungen ist notwendig, da die carbenanalogen Verbindungen des Siliciums im Vergleich zu denen des Germaniums, Zinns und Bleis viel reaktiver gegenüber Dimerisierung und Zersetzung sind und daher bisher nicht basenfrei isoliert werden konnten.[29] Diese Synthese zeigt außerdem, dass Tetrelylidinkomplexe auch aus geeigneten Tetrelylidenkomplexen durch Abstraktion eines Nucleofugs mittels einer Lewissäure darstellbar sind.

Eine Synthesestrategie zur Darstellung von Germylidinkomplexen, die sich eher an der traditionellen Verfahrensweise für Schrock-Carbinkomplexe orientiert, wurde 2012 von Tobita *et al.* veröffentlicht. Hierbei wurde der Komplex $[Cp^*(CO)_2(H)W=Ge(H)C(TMS)_3]$ bei 80 °C mit Mesitylisocyanat umgesetzt, was zur Bildung des Germylidinkomplexes $[Cp^*(CO)_2W\equiv GeC(TMS)_3]$ führte (s. Schema 1.11). Obwohl fast quantitativ basierend auf den NMR-Daten, benötigt die Reaktion drei Tage um vollständig abzulaufen.[30]

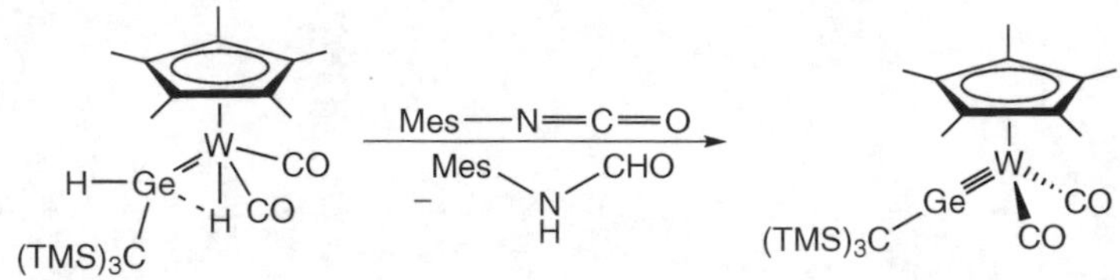

Schema 1.11: Synthese eines Germylidinkomplexes aus einem Hydridogermylenkomplex durch Wasserstoffabstraktion mittels Mesitylisocyanat.[30]

In den letzten Jahren sind auch carbinanaloge Verbindungen der schweren Homologen des Kohlenstoffs mit anderen Metallen als denen der sechsten Gruppe in der Arbeitsgruppe von Prof. Filippou dargestellt worden, von denen einige in Schema 1.12 auf der nächsten Seite abgebildet sind.

Der Titangermylidinkomplex $[Cp(CO)_3Ti\equiv GeAr^{Mes}]$ (**16**) konnte via typische Salzmetathesereaktion zwischen dem Germylen **12** und dem Titanmetallat $[Et_4N][CpTi(CO)_4]$ gewonnen werden.[31]

Durch die Reaktion zwischen der Tantalverbindung $[Ta(dmpe)_2Cl_2]$ und zwei Äquivalenten des Germylens **12** wurde der erste Germylidinkomplex des Tantals $[Cl_2(dmpe)_2Ta\equiv GeAr^{Mes}]$ (**17**) dargestellt.[32]

Der kationische Stannylidinkomplex $[(dmpe)_2(H)Mn\equiv SnAr^{Mes}]^+$ (**18**) wurde mittels Wasserstoffeliminierung aus dem Diwasserstoffkomplex $[Mn(dmpe)_2(H)(H_2)][B(C_6H_3-3,5-(CF_3)_2)_4]$ und dem Chlorostannylen **14** synthetisiert.[33]

Es gelang den Rheniumkomplex $[(Cl)_2(PMe_3)_3Re\equiv GeAr^{Trip}]$ (**19**) nach der Phosphaneliminierungsroute aus $[ReCl(PMe_3)_5]$ und Ar^{Trip}-GeCl im Jahre 2013 darzustellen.[34]

Die Distickstoffeliminierung aus den Komplexen $[Fe(dmpe)_2(N_2)]$ und $[Ru(depe)_2(N_2)]$ (depe = 1,2-Bis-(diethylphosphino)ethan) bei der Umsetzung mit Chlorogermylen **12** lieferte nach Abstraktion eines Chlorids durch ein Triarylboran die entsprechenden Germylidinkomplexe des Eisens **20**[35] und Rutheniums **21**.[36]

Der erste Germylidinkomplex des Nickels $[(PMe_3)_3Ni\equiv GeAr^{Mes}]$ $[B(C_6H_3\text{-}3,5\text{-}(CF_3)_2)_4]$ (**22**) wurde durch Reaktion von Chlorogermylen **12** und $[Ni(GaCp^*)(PMe_3)_3]$ sowie anschließender Chloridabstraktion hergestellt.[37]

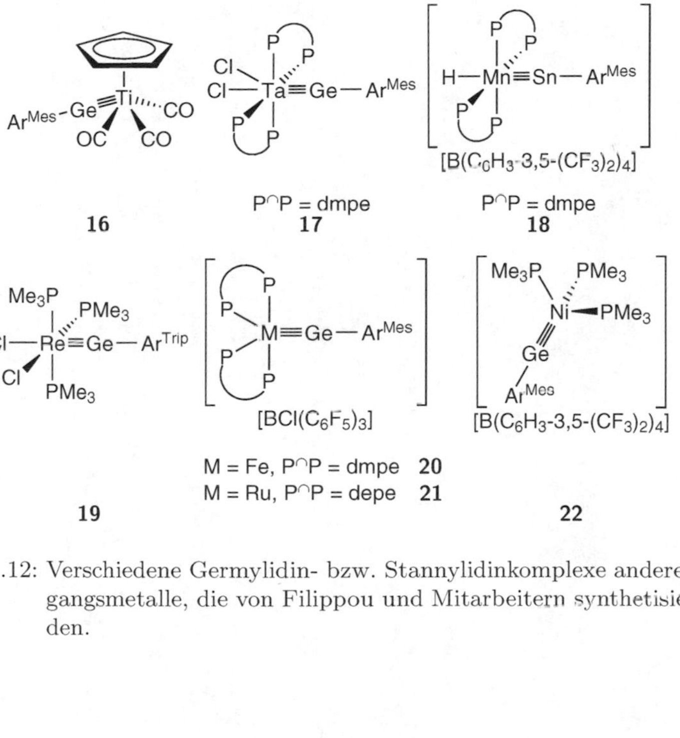

Schema 1.12: Verschiedene Germylidin- bzw. Stannylidinkomplexe anderer Übergangsmetalle, die von Filippou und Mitarbeitern synthetisiert wurden.

1.4 Aufgabenstellung

Da in der wachsenden Gruppe der schweren Tetrelylidinkomplexe
noch keine Verbindungen bekannt sind, die Vanadium oder Niob als
Zentralmetall enthalten, war das Ziel dieser Arbeit die Synthese eines solchen Komplexes. Daneben sollte untersucht werden, wie der
Wechsel des Zentralmetalls sich auf die Reaktivität der Verbindungen auswirkt, indem ihre Reaktionen mit einfachen Molekülen wie
Methanol oder Wasser untersucht und die Ergebnisse mit denen anderer Tetrelylidinkomplexe verglichen werden.

2 Diskussion

2.1 Synthesestrategien

Um eine mögliche Synthesestrategie zum Aufbau einer Tetrel-Niob-
oder Tetrel-Vanadium-Dreifachbindung zu finden, kann das Isolobalkonzept herangezogen werden. Ausgangspunkt ist der bekannte, von
P. P. Power *et al.* dargestellte Germylidinkomplex **10**. Hier wird die
Dreifachbindung zum Germylidinfragment {Ge−R} durch das Über-
gangsmetallfragment {Cp(CO)$_2$Mo} aufgebaut, welches ein d^{5}ML$_5$-
Fragment mit insgesamt 15 Valenzelektronen darstellt. Beide Fragmente sind dabei isolobal zum Methinfragment {CH}. Wird von
einem Gruppe 6 Übergangsmetall auf eines der Gruppe 5 gewech-
selt, hat das Metallfragment ein Elektron weniger. Um wieder zu einem Fragment mit 15 Valenzelektronen und gleichen Grenzorbitalen
zu kommen, gibt es zum Beispiel folgende Möglichkeiten (vgl. Schema 2.1 auf der nächsten Seite, v.l.n.r.):

1. Das Hinzufügen eines Elektrons führt zu einem anionischen d^{5}ML$_5$
   {Cp(CO)$_2$Nb}$^-$-Fragment. Niob wäre formal in der Oxidationsstufe 0 und der daraus abgeleitete Germylidinkomplex wäre ebenfalls
   anionisch.

2. Um einen neutralen Germylidinkomplex zu erhalten, müsste man
   beim ersten betrachteten Fall entweder den Cp-Liganden durch
   einen neutralen, sechs Elektronen donierenden Liganden austau-
   schen oder einen CO-Liganden durch einen kationischen Liganden
   ersetzen, welcher zwei Elektronen an das Metall abgeben kann.

3. Das Entfernen eines Elektrons unter Erweiterung der Ligandensphäre um einen neutralen, zwei Elektronen donierenden Liganden
   erzeugt ein kationisches d^{3}ML$_6$ {Cp(CO)$_3$Nb}$^+$-Fragment. Hieraus
   würde sich folglich ein kationischer Germylidinkomplex ableiten,
   bei dem Niob die Oxidationsstufe +II erhielte.

13

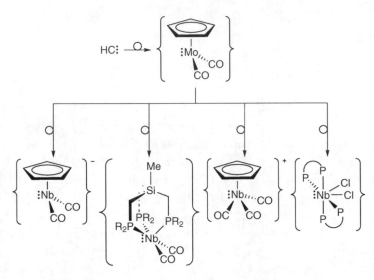

Schema 2.1: Isolobalbeziehung zwischen einem {CH}-Fragment und dem 15-Valenzelektronenfragment {Cp(CO)$_2$Mo} und mögliche daraus abgeleitete, Niob enthaltende Fragmente.

4. Hieraus kann ebenfalls ein neutraler Komplex erzeugt werden, sofern man in der Ligandensphäre eine weitere negative Ladung unterbringen könnte, zum Beispiel durch Austausch eines CO-Liganden durch einen anionischen 2-e-Donorliganden.

Mit den betrachteten Fragmenten lassen sich mögliche Synthesestrategien aufstellen.

Fall 1 könnte durch Umsetzung eines Arylgermanium(II)-chlorids mit dem von Ellis *et al.* im Jahre 1984 vorgestellten dianionischen Metallat Cs$_2$[CpNb(CO)$_3$] realisiert werden.[38] Die Synthese dieser Vorläuferverbindung erfolgt aus [CpNb(CO)$_4$] durch Reduktion mit Natrium in flüssigem Ammoniak und anschließenden Kationenaustausch. Nachteil dieser Herangehensweise ist, dass die Chemie dieser Dianionen bisher nicht untersucht ist. Es ist möglich, dass sie starke Reduktionsmittel sind, was zu Nebenreaktionen führen könnte. Außerdem ist das Cäsiumsalz in fast allen organischen Lösungsmitteln vollkommen unlöslich, was eine Synthese erschweren könnte.

Eine Klasse neutraler Liganden, welche dem Metall sechs Elektronen zur Verfügung stellen und als Cp-Ersatz geeignet wären, sind tripodale Phosphanliganden vom Typ $R^1Si(CH_2PR^2R^3)_3$. Zu ihnen zählen tmps ($R^1 = R^2 = R^3 = Me$)[39] und trimpsi ($R^1 = {}^tBu$, $R^2 = R^3 = Me$). Eine Synthese für das Metallat $Na[(\kappa^3\text{-trimpsi})Nb(CO)_3]^1$ wurde von der Arbeitsgruppe von Legzdins im Jahre 1998 im Zuge der Synthese des ersten Niobnitrosylkomplexes schon vorgestellt, auch wenn das Metallat nur *in situ* erzeugt wurde.[40] Es wäre isolobal zu dem von Power *et al.* bei der ersten Germylidinsynthese eingesetzten Metallat **11**.[20]

Ein möglicher Ansatzpunkt für einen kationischen Germylidinkomplex wäre die Abstraktion des an das Germaniumatom gebundenen Chlorids im Germylidenkomplex $[Cp(CO)_3Nb=Ge(Cl)Ar^{Mes}]$.[41]

Fall 4 wurde bei der Synthese des ersten Tantalgermylidinkomplexes **17** schon realisiert. Der hierfür nötige niobhaltige Vorläuferkomplex $[NbCl_2(dmpe)_2]$ ist ebenfalls literaturbekannt.[42]

2.2 Darstellung der Gruppe 5 Metallate

Zunächst wurden die Niobatkomplexe $[R_4N][Nb(CO)_6]$ (**23**, R = Et; **24**, R = Me) (s. Schema 2.2 auf der nächsten Seite), ausgehend von sublimiertem Niobpentachlorid, nach einer von Ellis *et al.* veröffentlichten Vorschrift[43] dargestellt. Bei dieser Syntheseroute handelt es sich um eine reduktive Carbonylierung, was den Vorteil hat, dass die CO-Liganden bei diesem Syntheseschritt direkt eingebracht werden. Als Reduktionsmittel dient eine Lösung von Natriumnaphthalenid in DME, welche auf − 40 °C gekühlt werden soll. Es kommt nach Zugabe des Niobpentachlorids zunächst zur Bildung des Komplexes $Na[Nb(C_{10}H_{12})_2]$, der als braunroter Feststoff ausfällt.[44] Dieser reagiert schon bei tiefen Temperaturen und Atmosphärendruck mit CO

---

1   Komplexverbindungen, die mehrzähnige Phosphanliganden wie tmps enthalten, werden im Text nach der κ-Notation benannt. Zur besseren Lesbarkeit wurde jeweils auf die Nennung der Ligatoratome verzichtet, da alle im Text genannten Phosphanliganden ausschließlich über die Phosphoratome an das Zentralmetall gebunden sind.

unter Ligandenaustausch zum Komplex $Na[Nb(CO)_6]$. Der anschlie-
ßende Kationenaustausch mittels $[Et_4N]I$ hat den Vorteil der einfache-
ren Aufarbeitung, da das Produkt einfach aus Wasser gefällt werden
kann. Die Tetraalkylammoniumsalze des Hexacarbonylniobats zeigen
sich außerdem deutlich resistenter gegenüber Licht und Luftsauerstoff
als ihre Alkalimetallsalze.

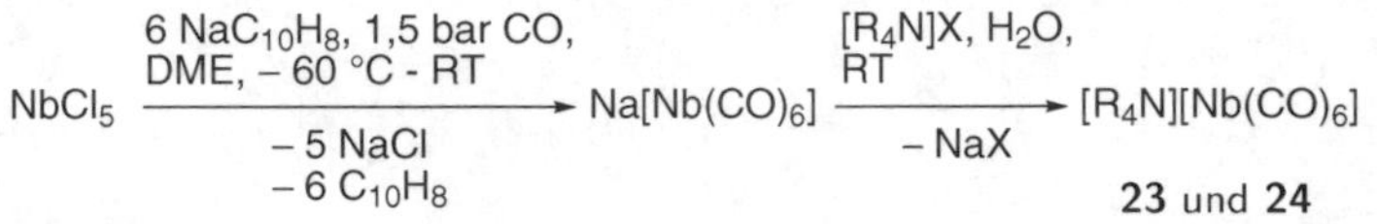

$$NbCl_5 \xrightarrow[\substack{-5\,NaCl \\ -6\,C_{10}H_8}]{\substack{6\,NaC_{10}H_8,\ 1,5\,bar\,CO, \\ DME,\ -60\,°C\,-\,RT}} Na[Nb(CO)_6] \xrightarrow[-NaX]{\substack{[R_4N]X,\ H_2O, \\ RT}} [R_4N][Nb(CO)_6]$$

$$\text{23 und 24}$$

Schema 2.2: Synthese der Hexacarbonylniobate **23** (R = Et, X = I) und **24** (R
= Me, X = Br) nach Ellis und Mitarbeitern.[43]

Bei dem Versuch, die Synthese wie in der Literatur beschrieben
durchzuführen, fiel aus der gekühlten Natriumnaphthalenidlösung ein
dunkler Feststoff aus, weshalb die Suspension nicht mehr rührfähig
war. Aus diesem Ansatz konnte im weiteren Verlauf der Synthese
kein Produkt isoliert werden. Die Synthese wurde so angepasst, dass
das gelöste Reduktionsmittel sehr langsam zur Lösung des gekühlten
Niobpentachlorids in DME getropft wurde und nicht umgekehrt.

Die für Verbindung **23** publizierte Vorschrift wurde erfolgreich auf
das analoge Komplexsalz **24** übertragen. Die geringere Ausbeute im
Falle des Tetramethylammoniumsalzes lässt sich vermutlich darauf
zurückführen, dass der Austausch des Gegenions in einer erhöhten
Löslichkeit des Salzes in Wasser resultiert und die Fällung aus Wasser
daher nicht vollständig erfolgte. Dies kann schon durch einen farbli-
chen Vergleich der beiden Mutterlaugen nach durchgeführter Fällung
geschlossen werden. Während die wässrige Lösung im Falle des Tetraethylammoniumsalzes **23** höchstes blassgelb gefärbt war, wies sie
bei der Tetramethylammoniumverbindung **24** eine deutliche Gelbfär-
bung auf. Um die Ausbeute in diesem Fall zu erhöhen, müsste die
Aufarbeitung angepasst werden. Während der Fällung könnte die
Mutterlauge zum Beispiel herabgekühlt werden. Sollte das keine Ver-
besserung der Ausbeute bringen, könnte versucht werden, die Mut-

terlauge nochmals mit einem geeigneten organischen Lösungsmittel zu extrahieren.

Die Hexacarbonylniobate **23** und **24** wurden als kanariengelbes beziehungsweise tiefgelbes Pulver in Ausbeuten von 47 % (Lit. 47 %)[43] beziehungsweise 21 % erhalten. Das Tetraethylammoniumsalz **23** wurde IR- und NMR-spektroskopisch rein erhalten. Da das Tetramethylammoniumderivat **24** in keiner mir zugänglichen Literaturstelle beschrieben wurde, konnte kein Vergleich der erhaltenen Daten mit der Literatur erfolgen. Die Reinheit der Verbindung wurde allerdings durch Elementaranlysen, sowie ihre IR- und NMR-Spektren bestätigt. Beide Verbindungen sind in aliphatischen Lösungsmitteln unlöslich, in aromatischen Lösungsmitteln kaum löslich und in THF und Acetonitril gut löslich. In Substanz sind sie offenbar kaum luftempfindlich und verlieren ihre gelbe Farbe selbst nach Stunden an Luft nicht. Die tiefgelben Lösungen der Komplexe, vor allem die des Tetramethylammoniumsalzes, entfärben sich nach Minuten an Luft unter Bildung eines farblosen Feststoffs. Das Komplexsalz **24** zersetzt sich in Substanz ohne erkennbaren Schmelzpunkt bei einer Temperatur von 132 °C unter Braunfärbung.

Das FT-IR-Spektrum von Verbindung **24** zeigt im Carbonylbereich eine einzige Absorptionsbande bei $\nu_{CO} = 1862$ cm^{-1}, welche aufgrund von Ionenpaarbildung und der damit verbundenen Verringerung der Molekülsymmetrie eine Schulter aufweist (vgl. Abbildung 2.1 auf der nächsten Seite). Dies deckt sich mit den Erwartungen für einen anionischen Hexacarbonylkomplex und wird auch bei Verbindung **23** beobachtet, deren IR-Spektrum im Carbonylbereich nur um 1 cm^{-1} zu tieferen Wellenzahlen hin verschoben ist.

Das ^{1}H-NMR-Spektrum des Tetramethylammoniumniobats **24** in deuteriertem Acetonitril ist in Abbildung 2.2 auf der nächsten Seite gezeigt. Wie für ein Tetramethylammoniumsalz zu erwarten, zeigt es lediglich ein Signal bei $\delta = 3{,}06$ ppm, welches mit einer Kopplung von $^2J_{N,H} = 0{,}6$ Hz zu einem Triplett aufgespalten ist. Das entsprechende Signal der vier Methylgruppen erscheint im ^{13}C{^{1}H}-NMR-Spektrum bei $\delta = 56{,}3$ ppm ebenfalls als Triplett mit einer Kopplungskonstan-

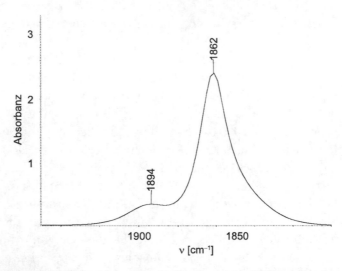

Abbildung 2.1: FT-IR-Spektrum von Verbindung **24** in THF im Bereich von 1950 – 1800 cm^{-1}.

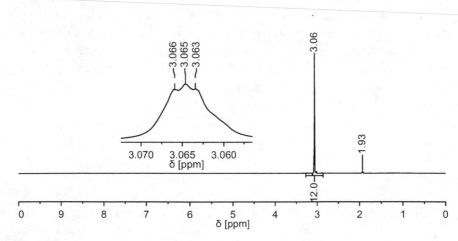

Abbildung 2.2: ^{1}H-NMR-Spektrum von Verbindung **24** in CD$_3$CN.

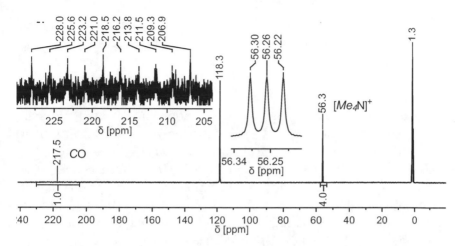

Abbildung 2.3: ^{13}C$\{^1$H$\}$-NMR-Spektrum von Verbindung **24** in CD$_3$CN.

ten von $^1J_{\mathrm{N,C}} = 4{,}1$ Hz. Auffälligstes Merkmal des ^{13}C$\{^1$H$\}$-NMR-Spektrums ist das Signal der sechs Carbonylkohlenstoffatome bei $\delta = 217{,}5$ ppm (vgl. Abbildung 2.3). Durch die Kopplung der Carbonyl-kohlenstoffatome zum ^{93}Nb-Kern, welcher eine natürliche Häufigkeit von 100 % und einen Kernspin von I $= \frac{9}{2}$ hat, liegt es als Decett mit einer Kopplungskonstante von $^1J_{\mathrm{Nb,C}} - 235{,}7$ Hz vor, wobei die einzelnen Linien durch das Quadrupolmoment von Niob (Q $= -0{,}22 \times 10^{-28}$ m^{2}A)[45] zusätzlich verbreitert erscheinen.

Die Spin-Kopplung von Kernen mit Spin I $= \frac{1}{2}$ zu Quadrupolkernen hat für das Erscheinungsbild ihrer Signale in NMR-Spektren Folgen. Quadrupolkerne (I $> \frac{1}{2}$) besitzen neben ihrem magnetischen Dipolmoment ein elektrisches Quadrupolmoment, da ihre Kernladungsdichte nicht sphärisch, sondern ellipsoidal im Raum verteilt ist. Durch Wechselwirkung des elektrischen Quadrupols des Kerns mit der fluktuierenden Elektronendichte um den Kern kann es zu einem schnellen Relaxationsverhalten seines Kernspins in NMR-Experimenten kommen. Die Relaxationszeiten des Quadrupolkerns hängen dabei sowohl von der Größe des Quadrupolmoments als auch vom Gradient des elektrischen Feldes ab, mit dem der Kern wechselwirkt. Letzteres ist umso

größer, je weiter die Umgebung des Kerns von der kubischen Symmetrie abweicht. Dieser in der Regel sehr effiziente Relaxationsprozess
hat nun einen Effekt auf das beobachtete Kopplungsmuster der Signale von Kernen, die mit dem Quadrupolkern koppeln. Es können
zwei Grenzfälle betrachtet werden. Ist die Relaxationszeit des Quadrupolkerns ausreichend lang, dann zeigt das NMR-Signal des kop-
pelden Kerns die nach m = 2I+1 erwartete Aufspaltung in m Linien
gleicher Intensität. Falls die Relaxationszeit dagegen sehr kurz ist,
wechselwirkt der koppelnde Kern in kurzer Zeit mit allen Spinzustän-
den des Quadrupolkerns und im NMR-Spektrum wird für das Signal
des betroffenen Kerns nur ein Singulett beobachtet, das dem Mittelwert aller möglichen Energieübergänge im Spinsystem entspricht. Der
Übergang zwischen beiden Grenzfällen ist fließend. Je schneller der
Quadrupolkern relaxiert, desto breiter wird das Multiplettsignal des
zu ihm koppelnden Kerns, bis es zu einem zunächst breiten Singulett kolabiert, dessen Halbwertsbreite dann weiter abnimmt. Da die
Quadrupolrelaxationszeit temperaturabhängig ist und mit steigender
Temperatur abnimmt, kann die Linienbreite der Signale von Kernen,
die zu einem Quadrupolkern koppeln, durch die Messtemperatur be-
einflusst werden. Hierbei können ausreichend tiefe Messtemperaturen
zu effektiv quadrupolentkoppelten Spektren führen, während erhöhte
Temperaturen bei der Messung der NMR-Spektren zu einer besseren
Auflösung der entsprechenden Kopplung führen. [46]

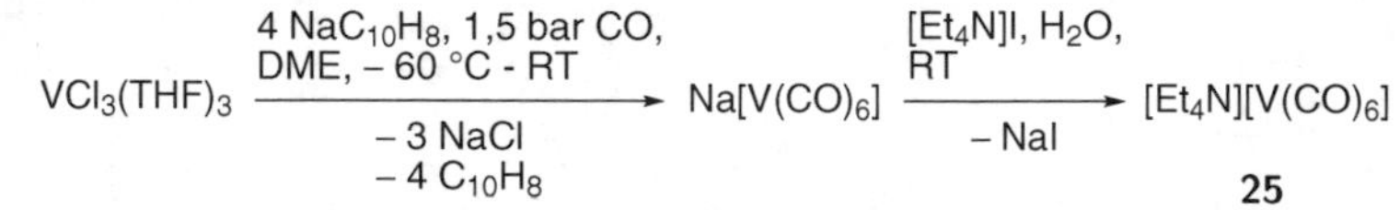

$$VCl_3(THF)_3 \xrightarrow[\substack{-3\,NaCl \\ -4\,C_{10}H_8}]{\substack{4\,NaC_{10}H_8,\ 1,5\,bar\ CO, \\ DME,\ -60\,°C\,-\,RT}} Na[V(CO)_6] \xrightarrow[-NaI]{\substack{[Et_4N]I,\ H_2O, \\ RT}} [Et_4N][V(CO)_6]$$

25

Schema 2.3: Synthese des Hexacarbonylvanadats **25** nach Ellis und Mitarbeitern. [43]

Das Syntheseprotokoll wurde auch verwendet, um $VCl_3(THF)_3$ re-
duktiv zur analogen Vanadiumverbindung $[Et_4N][V(CO)_6]$ (**25**) zu
carbonylieren (s. Schema 2.3). Die Verbindung wurde IR- und NMR-
spektroskopisch rein als blassgelbes, staubfeines Pulver mit einer Aus-

beute von 40 % erhalten. Spektroskopisch ist es der analogen Niobverbindung **23** sehr ähnlich. Im Carbonylbereich des IR-Spektrums
in THF von Verbindung **25** zeigt sich ebenfalls nur eine Bande mit
Schulter, welche jedoch im Vergleich zum Niobmetallat **23** um $3\,cm^{-1}$
zu tieferen Wellenzahlen hin verschoben ist. Das spiegelt den allgemeinen Trend für die Lage der CO-Absorptionsbanden in homoleptischen
Carbonylkomplexen der Übergangsmetalle 3d<4d>5d wider.[47]

Obwohl die nach Legzdins und Mitarbeitern durchgeführ-
te Synthese des phosphansubstituierten Carbonylniobatkomplexes
$[Et_4N][(\kappa^3\text{-}(RSi(CH_2PMe_2)_3)Nb(CO)_3]$ die Verwendung des Phosphanliganden trimpsi (R $=$ ^{t}Bu) vorsieht (s. Schema 2.5 auf der
nächsten Seite),[40] wurde zunächst versucht, diese mit dem Methyl-
derivat tmps (**26**) nachzuvollziehen, da die Literaturausbeuten von
26 generell höher ausfallen als für trimpsi. Während für die Darstellung von tmps zum Beispiel Ausbeuten von bis zu 52 %[48] angegeben
wurden, konnten bei der Synthese von trimpsi nur 26 %[49] erreicht
werden. Der Unterschied in der Substitution des Siliciumatoms beider Liganden sollte auf ihre Reaktivität keinen Einfluss haben. Die
aus trimpsi abgeleiteten Verbindungen zeigen jedoch ein deutlich bes-
seres Lösungs- und Kristallisationsverhalten verglichen mit analogen
tmps-Komplexen.[50]

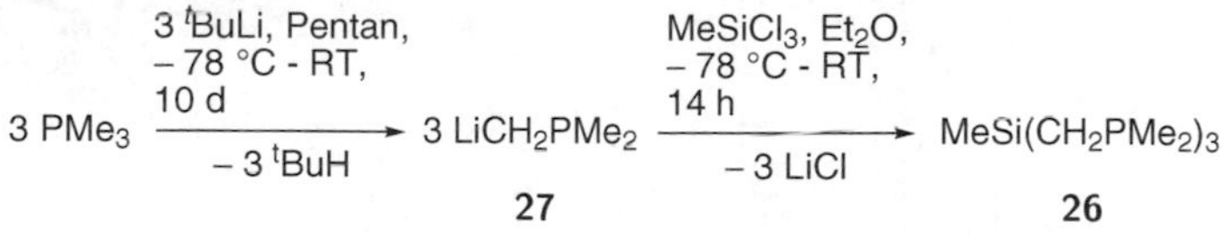

$$3\,PMe_3 \xrightarrow[-3\,^tBuH]{\substack{3\,^tBuLi,\,Pentan,\\-78\,°C\text{ - RT},\\10\,d}} 3\,LiCH_2PMe_2 \xrightarrow[-3\,LiCl]{\substack{MeSiCl_3,\,Et_2O,\\-78\,°C\text{ - RT},\\14\,h}} MeSi(CH_2PMe_2)_3$$

$$\quad\quad\quad\quad\quad\quad\quad\quad\quad\quad\quad\quad\quad\quad\quad\quad\textbf{27}\quad\quad\quad\quad\quad\quad\quad\quad\quad\quad\quad\textbf{26}$$

Schema 2.4: Synthese des tripodalen Phosphanliganden **26** nach Karsch und Mitarbeitern.[39,51]

Der tripodale Phosphanligand $MeSi(CH_2PMe_2)_3$ (tmps, **26**) wurde
nach einer Vorschrift von Karsch und Mitarbeitern dargestellt[39,51],
wie in Schema 2.4 gezeigt. Hierzu wurde zunächst Trimethylphosphan
durch ^{t}BuLi deprotoniert. Das Lithiummethanid $LiCH_2PMe_2$ (**27**)
wurde als farbloses, staubfeines und an Luft pyrophores Pulver in guter Ausbeute und spektroskopischer Reinheit gewonnen. Im nächsten

Schritt wurde es mit Methyltrichlorsilan in Diethylether umgesetzt
und der Ligand **26** als Produkt der Salzmetathesereaktion in ausge-
zeichneter Ausbeute von 98 % (Lit. 32 %)[39] und in spektroskopisch
ausreichender Reinheit isoliert. Eine Destillation wie in der Originalli-
teratur gefordert war nicht nötig, da das Produkt als Hauptanteil der
Verunreinigung nur Spuren von Trimethylphosphan enthielt. Es fand
sich eine gute Übereinstimmung der NMR-spektroskopischen Daten
mit den Literaturangaben.

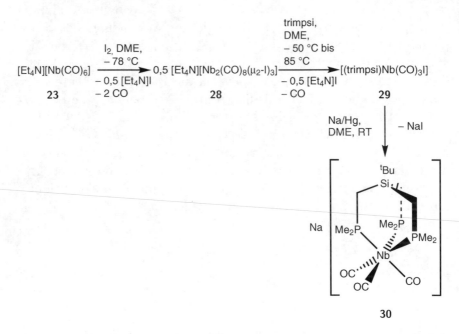

Schema 2.5: Synthese des Niobmetallats **30** nach Legdzins und Mitarbeitern.[40]

Zunächst wurde versucht, den Liganden tmps oxidativ in die Ligandensphäre des Zentralmetalls einzuführen, wie es von Legdzins
und Mitarbeitern bei der Synthese des Komplexes **30** beschrieben
wurde.[40] Ausgangspunkt war das Hexacarbonylniobat **23**, welches
in THF mit Iod zunächst zum iodidverbrückten, zweikernigen Niobkomplex [Et$_4$N][(CO)$_4$Nb(μ_2-I)$_3$Nb(CO)$_4$] (**28**) *in situ* oxidiert wur-

de. Der iodverbrückte Komplex **28** wurde anschließend *in situ* mit tmps umgesetzt, wodurch ein Äquivalent Tetraethylammoniumiodid eliminiert werden sollte, um zum siebenfach koordinierten Komplex $[(\kappa^3\text{-tmps})\text{Nb}(\text{CO})_3\text{I}]$ (**31**) zu gelangen. Obwohl der zweikernige Niobatkomplex **28** schon von Calderazzo und Mitarbeitern isoliert werden konnte,[52] wurde hier wie in der Vorschrift von Legdzins *et al.* auf eine Reindarstellung verzichtet, da für die Isolierung des Stoffes **28** nur Ausbeuten von 39 % berichtet wurden.[52]

Nach Umsetzung des *in situ* erzeugten Niobatkomplexes **28** mit tmps konnte ein orangefarbenes Pulver isoliert werden, das erstaunlich unlöslich in Wasser und den meisten organischen Lösungsmitteln ist. In Chloroform löst es sich unter rascher Zersetzung und es ist gut löslich in THF und Dichlormethan. In Substanz und Lösung scheint es luftstabil zu sein.

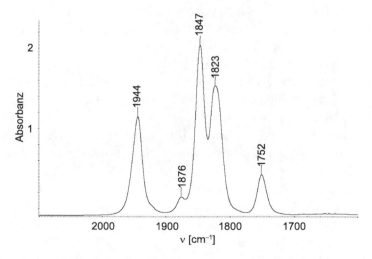

Abbildung 2.4: FT-IR-Spektrum des Produkts der Synthese von **31** in THF im Bereich von $\nu = 2100 - 1600$ cm^{-1}.

Das IR-Spektrum im Carbonylbereich in THF und das ^{31}P$\{^1$H$\}$-NMR-Spektrum in CD$_2$Cl$_2$ des Produkts sind in Abbildung 2.4 und Abbildung 2.5 dargestellt. Die IR-Absorptionsbanden bei $\nu_{\text{CO}} = 1944$,

1847 und 1823 cm^{-1} können der Zielverbindung **31** zugeordnet werden, da dies der Anzahl an IR-aktiven Normalschwingungsmoden der
Carbonylliganden nach der Gruppentheorie für einen C_s-symmetri-
schen Komplex mit drei CO-Liganden entspricht. Außerdem liegen
die Absorptionsbanden nahe denen, die für andere, ähnliche Komplexe wie dem trimpsi-Derivat **29** (ν_{CO} = 1938, 1846, 1800 cm^{-1}
in Nujol) gemessen wurden.[53] Die anderen Absorptionsbanden gehören zu einer bisher unbekannten Verunreinigung. Es handelt sich
hierbei nicht um den nicht vollständig reagierten zweikernigen Niobatkomplex **28**, dessen CO-Valenzschwingungsbanden im IR-Spektrum in
THF bei ν_{CO} = 2014, 1930 und 1895 cm^{-1} erscheinen. Obwohl es sich
hierbei um die IR-Daten des Natriumsalzes handelt, hat ein Katio-
nenwechsel bei diesem Komplex nur geringe Auswirkungen auf die
Lage der IR-Banden im Carbonylbereich.[52]

Das ^{31}P$\{^{1}$H$\}$-NMR-Spektrum zeigt hauptsächlich drei Signale mit
einer für Niobphosphankomplexe typischen Signalverbreiterung aufgrund der Quadrupolrelaxation des ^{93}Nb-Kerns. Das Signal bei δ =
− 20,1 ppm ist vermutlich das Signal der Phosphoratome in **31**, obwohl die Integralverhältnisse suggerieren, dass auch das Signal bei δ =
− 2,0 ppm zur Verbindung gehört. Allerdings wird im ^{31}P$\{^{1}$H$\}$-NMR-
Spektrum der trimpsi-Variante ebenfalls nur ein einzelnes Signal bei δ
= − 17,8 ppm beobachtet. Obwohl für einen C_s-symmetrischen Komplex zwei nicht äquivalente Sätze von Phosphorkernen zu erwarten
wären und damit zwei Signale im Verhältnis 2:1, zeigen siebenfach
koordinierte Komplexe der Gruppe 5 Metalle vom Typ ML$_3$(CO)$_2$X
ein dynamisches Verhalten in Lösung, durch das es zum schnellen
Austausch der Liganden innerhalb der Ligandensphäre auf der NMR-
Zeitskala kommt und es wird nur ein Signal für alle drei Phosphorkerne bei Raumtemperatur beobachtet.[53] Es ist daher wahrscheinlicher,
dass die anderen beiden breiten Signale ebenfalls von einer Verunreinigung verursacht werden. Sie enthält anhand des ^{31}P$\{^{1}$H$\}$-NMR-
Spektrums einen tmps-Liganden, welcher im κ^3-Koordinationsmodus
an Niob gebunden ist.

Das ^{1}H-NMR-Spektrum des Substanzgemisches konnte zur Charakterisierung nicht herangezogen werden, da im Bereich der phosphorgebundenen Methylgruppen mehrere breite Signale dicht zusammenfallen, was eine Signalzuordnung auf Basis der Integrale unmöglich macht. Alle Signale im Spektrum weisen außerdem eine von der Lorentzfunktion stark abweichende Signalform auf, was vermutlich auf Shimmingprobleme bei der Probenmessung zurückzuführen ist.

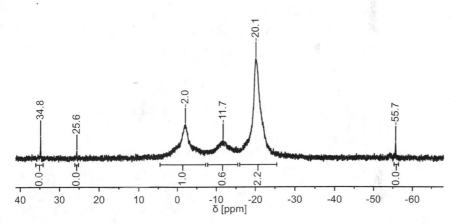

Abbildung 2.5: ^{31}P{^{1}H}-NMR-Spektrum des Produkts der Synthese von **31** in CD$_2$Cl$_2$.

Versuche, die Verbindung durch Umkristallisation, Extraktion mit heißem DME oder Waschen von dieser Verunreinigung zu befreien, waren nicht erfolgreich. Beide Verbindungen weisen ein ähnliches Löslichkeitsverhalten auf. Auch war es nicht möglich, Verbindung **31** durch Vakuumsublimation aufzureinigen. Da die Verbindung nicht rein erhalten werden konnte, wurden bisher keine weiteren Versuche unternommen sie zum Metallat [Et$_4$N][(κ^2-tmps)Nb(CO)$_4$] zu reduzieren. In Zukunft sollte versucht werden, den hier *in situ* generierten Niobatkomplex **28** zu isolieren, um mögliche Nebenreaktionen durch noch vorhandene Edukte wie Iod oder das Hexacarbonylniobat **23** ausschließen zu können.

Aufgrund der Schwierigkeiten bei der Aufreinigung des Iodkomplexes **31** wurde versucht, den Liganden **26** unter geeigneten Bedingungen direkt mit den Tetraalkylammoniumsalzen **23** und **24** umzusetzen. Erste Versuche einer thermischen Ligandensubstitution waren allerdings nicht erfolgreich. IR-spektroskopisch und anhand der Farbänderung der Lösung von gelb nach orange konnte zwar das Entstehen einer neuen Verbindung bestätigt werden, welche eine Tetracarbonylstrukur aufwies, die Substitutionsgeschwindigkeit war allerdings so gering, dass selbst nach zwölf Stunden in siedendem THF das Startmetallat **23** im Überschuss vorlag. Weiteres Erhitzen der Lösung führte zur vollständigen Zersetzung unter Bildung eines braunen, unlöslichen Feststoffs.

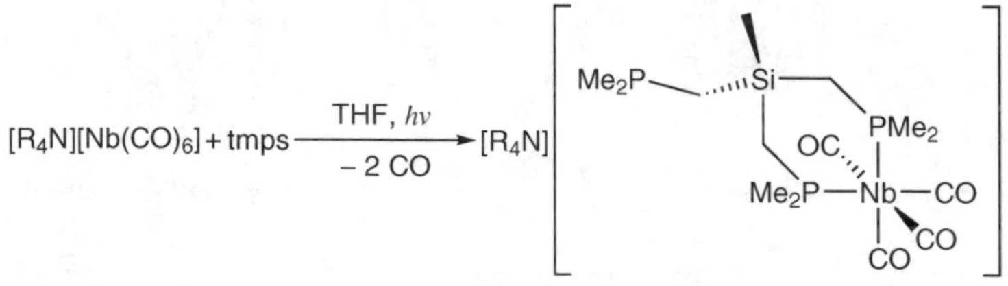

$$[R_4N][Nb(CO)_6] + \text{tmps} \xrightarrow[-2\,CO]{\text{THF, } h\nu} [R_4N]$$

23 und 24   26   32 und 33

Schema 2.6: Synthese der phosphansubstituierten Niobmetallate **32** (R = Et) und **33** (R = Me) durch lichtinduzierten Ligandenaustausch.

Da ausgehend von Hexacarbonylmetallaten der Gruppe 5 zahlreiche Substitutionsprodukte durch photochemischen Ligandenaustausch zugänglich sind,[54,55,56,57] wurde im Folgenden versucht, auch tmps auf diese Weise einzuführen. Hierzu wurden die gelben Lösungen der Hexacarbonylniobate **23** und **24** in THF jeweils mit einem geringen Überschuss des Liganden **26** versetzt und unter Rühren mittels LED mit blauem Licht (λ = 465 nm) bestrahlt (s. Schema 2.6). In beiden Fällen ließ sich sofort eine Orangefärbung der Lösung begleitet von einer regen Gasentwicklung erkennen. Die Reaktion wurde IR-spektroskopisch verfolgt. Ein *in situ* FT-IR-Spektrum der Reaktion des Tetraethylammoniumkomplexes **23** mit tmps nach einer Be-

strahlungszeit von vier Stunden ist im Bereich der Carbonylabsorptionsbanden in Abbildung 2.6 dargestellt.

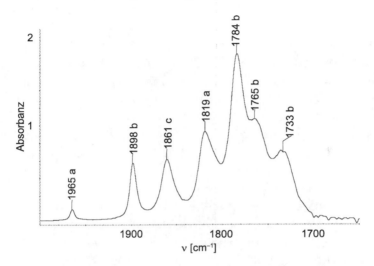

Abbildung 2.6: *In situ* FT-IR-Spektrum der Bestrahlung des Tetraethylammoni-
umniobats **23** und tmps in THF im Bereich von $\nu = 2000 - 1650$
cm^{-1}.

Im IR-Spektrum zeigen sich sieben Absorptionsbanden, die anhand
des Intensitätsverlaufs beim Fortführen der Bestrahlung drei unterschiedlichen Substanzen zugeordnet werden können. Die mit einem
„c" markierte Bande bei $\nu_{CO} = 1861$ cm^{-1} nimmt im Reaktionsverlauf ständig ab. Die Intensität der mit „b" versehenen Banden nimmt
im Verlauf der Reaktion ständig zu. Die Intensität der mit einem
„a" gekennzeichneten Carbonylbanden nimmt zunächst zu und bei
längerer Bestrahlungsdauer wieder ab. Hieraus lassen sich folgende
Schlüsse ziehen: Die mit einem „c" markierte Bande gehört zum eingesetzten Edukt, welches im Verlauf der Reaktion ständig abnimmt.
Als Intermediat der Reaktion tritt der monosubstituierte Komplex
$[Et_4N][(\kappa^1\text{-tmps})Nb(CO)_5]$ auf. Eine der drei für einen pseudookta-
edrischen Pentacarbonylkomplex erwarteten IR-Absorptionsbanden
liegt vermutlich sehr dicht an der Bande des Eduktkomplexes, dessen

Bande leicht nach rechts hin verbreitert erscheint oder wird, wie bei
ähnlichen Komplexen wie $[Et_4N][(\kappa^1\text{-dppe})Nb(CO)_5]$ von einer Bande desselben Komplexes verdeckt.[57] Der monosubstituierte Komplex
reagiert durch CO-Verlust weiter, wodurch eine weitere Koordina-
tionsstelle durch den Phosphanliganden besetzt wird und sich der
cis-disubstituierte Komplex $[Et_4N][(\kappa^2\text{-tmps})Nb(CO)_4]$ (**32**) bildet.
Ihm lassen sich die mit „b" gekennzeichneten IR-Banden zuordnen.

Obwohl es sich bei tmps um einen tripodalen Liganden handelt,
konnte ein weiterer CO-Ligand photochemisch nicht substituiert werden. Selbst unter UV-Bestrahlung reagierte **32** nicht weiter. Dieses
Verhalten wurde schon früher bei Photosubstitutionsreaktionen an
Hexacarbonylniobaten beobachtet.[57]

Während die hier vorgestellte Photolysereaktion nahezu quantitative Ausbeuten lieferte, konnten bei ähnlichen Synthesen von Rehder
et al. nur maximal 82 % der durch chelatisierende Phosphanliganden disubstituierten Tetracarbonylniobatderviate isoliert werden. Die
Photolyse wurde dort mit einer Hochdruckquecksilberdampflampe
(125 W) durchgeführt, welche Strahlung in einem breiten Spektralbereich von UV- bis IR-Licht aussendet.[57] Die Reaktionszeiten waren
hierbei mit 110 Minuten bis viereinhalb Stunden wesentlich kürzer
verglichen mit der hier durchgeführten Synthese, welche teilweise bis
zu 40 Stunden dauerte. Die Verwendung von Licht einer bestimm-
ten Wellenlänge und der Ausschluss von hochenergetischem UV-Licht
scheinen jedoch zu einer selektiveren Photolyse zu führen. Die Photo-
lysezeit verschiedener Ansätze variierte stark und es konnte kein ein-
deutiger Zusammenhang zwischen der Zeit und der Ansatzgröße, der
Lichtintensität oder der Konzentration in Lösung festgestellt werden.
Stattdessen scheint das Abscheiden eines unlöslichen farblosen Zersetzungsprodukts am Glas der entscheidende Faktor zu sein. Es bildet
sich verstärkt dort, wo die LED dem Glas am nächsten ist. Wird es
in regelmäßigen Abständen durch Kratzen mit dem Magnetrührfisch
entfernt, verläuft die Reaktion wesentlich schneller, während sie fast
ganz zum Stillstand kommt, wenn der Rückstand am Glas gelassen
wird. Die Menge dieses Rückstands war jedoch bei jedem Ansatz so

gering, dass sie nicht durch wiegen bestimmt werden konnte und minderte die Ausbeute nicht. Vermutlich absorbiert oder reflektiert der Belag große Teile des Photolyselichts.

Das Tetraethylammoniumsalz **32** wurde als hochviskoses Öl von orangeroter Farbe erhalten, das stark nach Phosphan riecht. Es ist nicht mischbar mit aliphatischen Lösungsmitteln, löst sich aber moderat in aromatischen Lösungsmitteln und Diethylether und ist gut in THF löslich. In Acetonitril erfolgt eine langsame Zersetzung unter Braunfärbung der Lösung. Die Verbindung konnte nicht NMR-spektroskopisch rein erhalten werden und enthielt neben anderen Verunreinigungen noch Spuren von Lösungsmittel und Trimethylphosphan. Diese konnten selbst nach mehrmaligem Waschen mit n-Pentan nicht entfernt werden. Versuche, die Verbindung in eine feste Form zu überführen, waren nicht erfolgreich. Erhitzen des Öls im Ölpumpenvakuum auf 70 °C für mehrere Stunden führte jedoch dazu, dass sich das Öl zu einem klebrigen Teer verfestigte.

Das Tetramethylammoniumderivat **33** liegt dagegen als orangefarbener Feststoff vor, der sich an Luft innerhalb von Minuten entfärbt. Es hat vergleichbare Löslichkeitseigenschaften wie das analoge Tetraethylammoniumsalz **32**. Im Gegensatz zu Verbindung **32** konnte es leicht aus einer konzentrierten Lösung in THF mittels Zugabe einer Mischung aus Diethylether und Petrolether gefällt und elementaranalysenrein erhalten werden. Es zersetzt sich als Feststoff ohne zu schmelzen ab einer Temperatur von 142 °C unter Bildung einer tiefbraunen Masse.

Der Umstand, dass ein Wechsel des Gegenions von Tetraethyl- zu Tetramethylammonium die Kristallisierbarkeit der Verbindung so stark verbessert, könnte darauf hindeuten, dass es sich bei dem Tetraethylammoniumniobat **32** um ein Salz mit tiefem Schmelzpunkt handelt. Dieser könnte durch die enthaltenen Verunreinigungen weiter abgesenkt werden. Hierfür spricht außerdem, dass sich die Substanz langsam verfestigt, wenn sie im Vakuum erhitzt wird.

Das FT-IR-Spektrum von Verbindung **33** im Bereich der Carbonylabsorptionsbanden in THF ist in Abbildung 2.7 auf der nächsten Sei-

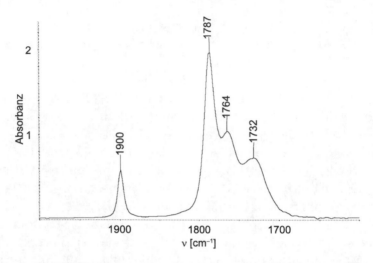

Abbildung 2.7: FT-IR-Spektrum von Verbindung **33** in THF im Bereich von 2000
            − 1600 cm^{-1}.

te dargestellt. Es treten vier Absorptionsbanden im Carbonylbereich
auf, was konsistent mit der Formulierung als oktaedrischer Tetracarbonylkomplex ist. Die CO-Absorptionsbanden im verwandten *cis*-
diphosphansubstituierten Niobatkomplex $[Et_4N][(\kappa^2\text{-dppe})Nb(CO)_4]$
(dppe = 1,2-Bis(diphenylphosphino)ethan), welcher von Rehder *et al.*
im Jahre 1984 veröffentlicht wurde, befinden sich bei $\nu_{CO} = 1903$,
1798, 1780 und 1750 cm^{-1} (in THF), wobei das gleiche Intensitätsmus-
ter vorliegt.[57] Dass die Banden in diesem Komplex etwas zu höheren
Wellenzahlen hin verschoben sind, ist dadurch zu erklären, dass der
verwendete Arylphosphanligand dppe ein besserer π-Akzeptorligand
ist, was die Elektronendichte am Zentralmetall senkt und die Rückbindung zu den Carbonylliganden schwächt. Die IR-Spektren der De-
rivate **33** und **32** sind qualitativ gleich. Die Bandenlagen weichen nie
mehr als 3 cm^{-1} voneinander ab.

    Im ^{1}H-NMR-Spektrum in C_6D_6 (s. Abbildung 2.8) lassen sich auf-
fällige Signalmuster erkennen, die im Verhältnis 1:2 auftreten. So
stammt das Dublett bei $\delta = 0{,}53$ ppm von zwei Protonen, das Multi-

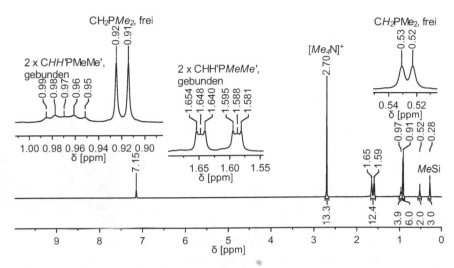

Abbildung 2.8: ^{1}H-NMR-Spektrum von Verbindung **33** in C_6D_6.

plett bei $\delta = 0{,}97$ ppm von vier Protonen. Auch zwischen den Signalen bei $\delta = 0{,}91$ und $1{,}62$ ppm findet sich ein Integralverhältnis von 1:2. Diese Aufspaltung der Signale spricht ebenfalls dafür, dass der Ligand nur mit zwei CH_2PMe_2-Gruppen an das Zentralmetall koordiniert. Der dritte Arm des Liganden ist ungebunden, wodurch ein Komplex mit C_s-Symmetrie entsteht. Die Signale, welche den gebundenen Phosphanarmen zuzuordnen sind, zeigen außerdem ein Aufspaltungsmuster, welches auf eine virtuelle Kopplung zwischen den niobgebundenen Phosphoratomen schließen lässt.[58] Das dafür verantwortliche Spinsystem konnte jedoch noch nicht durch Spektrensimulation identifiziert werden. Die Signale der Methylgruppen, welche an die koordinierenden Phosphoratome gebunden sind, spalten nochmal im Verhältnis 1:1 auf. In THF-d_8 ist diese Aufspaltung zwar weniger stark ausgeprägt als im abgebildeten Spektrum in C_6D_6, sodass die Signale teilweise überlagern, es konnte jedoch durch ^{1}H-^{13}C-NMR-Korrelationsspektroskopie in diesem Lösungsmittel gezeigt werden,

dass diese Methylgruppen (jedoch nicht die PMeMe'-Gruppen)[2] diastereotop sind und ihr Signal daher aufspaltet. Die Wasserstoffatome der dazugehörigen Methylengruppen sollten ebenfalls diastereotop sein, ihre Signale fallen jedoch so dicht zusammen, dass nicht
zwischen einer Aufspaltung durch Kopplung zu anderen Kernen oder
durch chemische Inäquivalenz unterschieden werden kann.

Das auffälligste Merkmal des ^{31}P$\{^1$H$\}$-NMR-Spektrums der Verbindung in deuteriertem Benzol, welches in Abbildung 2.9 auf der
nächsten Seite gezeigt ist, ist das breite Signal bei $\delta = -$ 11,6 ppm.
Es hat eine Halbwertsbreite von $\nu_{\frac{1}{2}} = 724$ Hz. Daneben erscheint
noch ein scharfes Singulett bei $\delta = -$ 55,8 ppm. Das breite Signal
lässt sich durch die Kopplung der niobgebundenen Phosphoratome
zum ^{93}Nb-Kern erklären. Wie im Fall des Signals der Carbonylkohlenstoffatome (s. unten) verbleibt die eigentliche Kopplung aufgrund
der Linienverbreiterung unaufgelöst. Das zweite Signal lässt sich dann
dem Phosphoratom am nicht gebundenen Ligandenarm zuordnen. Es
weist keine Verbreiterung auf und erscheint im selben Bereich wie das
Signal der Phosphoratome des freien tmps-Liganden, welches bei δ
$= -$ 55,1 ppm in C$_6$D$_6$ liegt. Die Differenz der chemischen Verschiebung zwischen den Signalen der Phosphoratome des freien Liganden
und denen in Komplex **33** beträgt somit 43,5 ppm.

Abbildung 2.10 auf der nächsten Seite zeigt das ^{29}Si$\{^1$H$\}$-NMR-
Spektrum von Verbindung **33** in THF-d_8. Es zeigt nur ein Signal bei
$-$ 0,4 ppm, welches zu einem Dublett von Tripletts aufgespalten ist.
Auch hier zeigt sich, dass drei Phosphorkerne im Molekül vorliegen,
von denen zwei durch die Bindung an das Niobatom chemisch nicht
äquivalent zum dritten, nicht gebundenen Phosphoratom sind.

Im ^{13}C$\{^1$H$\}$-NMR-Spektrum des Komplexes **33** (s. Abbildung 2.11
auf Seite 35) in THF-d_8 lässt sich ein Signal für die Carbonylkohlenstoffatome bei $\delta = 226,5$ ppm finden. Es hat eine Halbwertsbreite
von $\nu_{\frac{1}{2}} = 186$ Hz. Das Signal erscheint somit 9 ppm zu tiefem Feld
hin verschoben verglichen mit dem Signal der Carbonylkohlenstoffa-

---

[2]   Diastereotope Gruppen werden in der Abbildung und im weiteren Text mit
       einem Apostroph kenntlich gemacht.

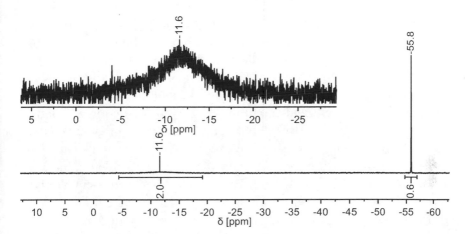

Abbildung 2.9: ^{31}P{^{1}H}-NMR-Spektrum von Verbindung **33** in C$_6$D$_6$.

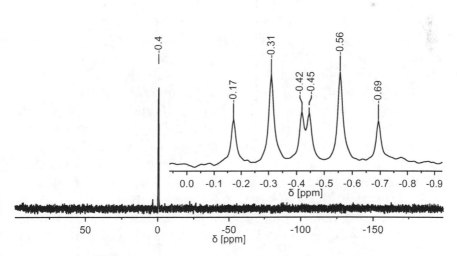

Abbildung 2.10: dept 20 ^{29}Si{^{1}H}-NMR-Spektrum von Verbindung **33** in THF-d_8.

tome im homoleptischen Carbonylkomplex **24**. Da eine höhere Elektronendichte am Metall in der Regel mit einer Tieffeldverschiebung der NMR-Signale der Carbonylkohlenstoffatome einhergeht,[59] beruht diese Verschiebung vermutlich auf dem Austausch von zwei CO-Liganden durch die stark σ-donierenden Phosphanliganden in der Koordinationssphäre des Zentralmetalls. Die Niob-Phosphor-Kopplung ist nicht aufgelöst, stattdessen erscheint das Signal aufgrund der in diesem Komplex offenbar schnellen Quadrupolrelaxation des ^{93}Nb-Kerns nur stark verbreitert. Obwohl die Carbonylkohlenstoffatome im Molekül aufgrund der C_s-Symmetrie drei chemisch nicht äquivalente Gruppen bilden, kann nur eine Resonanz beobachtet werden. Dies könnte zum einen daran liegen, dass die Differenz der chemischen Verschiebung gering ist und die ohnehin breiten Signale daher nicht aufgelöst werden. Zum anderen könnte dies auf dynamisches Verhalten der Verbindung in Lösung hindeuten. Der Austausch der CO-Gruppen untereinander würde dann bei Raumtemperatur auf der NMR-Zeitskala schnell erfolgen.

Wie zu erwarten erhält man für das Tetraethylammoniumderivat **32** ähnliche NMR-Spektren. Sie unterscheiden sich hauptsächlich in den Signalen des Gegenions.

Es wurde ebenfalls versucht, durch Photolyse des Vanadiumkomplexes **25** ein phosphansubstituiertes Vanadiummetallat herzustellen. Hierzu wurde eine Lösung der Verbindung **25** und des Liganden **26** in THF bestrahlt (vgl. Schema 2.7 auf Seite 36). Im Gegensatz zur Photolyse der Niobverbindungen zeigte sich eine Braunfärbung der ursprünglich gelben Lösung erst nach einigen Stunden und es konnte nur eine geringe Gasentwicklung beobachtet werden. Die Reaktionen wurden IR-spektroskopisch verfolgt. Ein *in situ* IR-Spektrum im Bereich der Carbonylabsorptionsbanden der Reaktionsmischung nach 62 Stunden Bestrahlung mittels Weißlicht-LED ist in Abbildung 2.12 auf Seite 37 gezeigt.

Es zeigen sich zwölf Absorptionsbanden im IR-Spektrum, welche in vier Gruppen unterteilt werden können. Die mit einem „c" versehene Bande ($\nu_{CO} = 1904$ cm^{-1}) ändert ihre Intensität während der

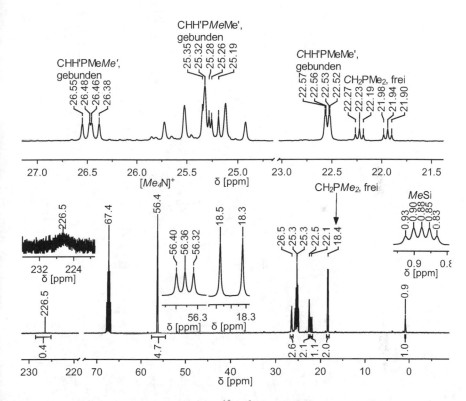

Abbildung 2.11: Ausschnitt aus dem ^{13}C$\{^1$H$\}$-NMR-Spektrum von Verbindung
33 in THF-d_8.

Reaktion nicht. Die Carbonylschwingungsbande, welche durch ein „e"
markiert ist, gehört zum Edukt **25**. Die IR-Schwingungsbanden, die
mit den Buchstaben „a" und „d" gekennzeichnet sind, nehmen im Lau-
fe der Reaktion erst an Intensität zu und später ab. Die durch ein „f"
markierten Banden bei ν_{CO} = 1792 und 1692 cm^{-1} schließlich nehmen
im Reaktionsverlauf an Intensität zu. Anhand der Bandenlage und
der Bandenmuster lässt sich eine mögliche Zuordnung der Banden
zu verschiedenen Verbindungen finden. Die drei mit einem „a" markierten Schwingungsbanden weisen auf eine Pentacarbonylstruktur
hin und könnten der Verbindung [Et$_4$N][(κ^1-tmps)V(CO)$_5$] zugeord-

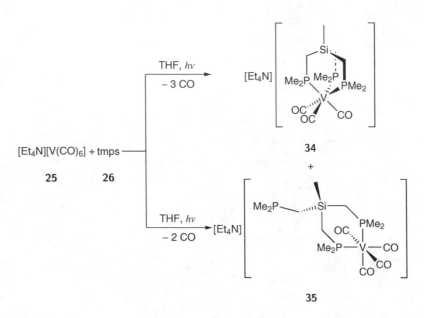

Schema 2.7: Photolytische Di- und Trisubstitution von Carbonylliganden im He-
xacarbonylvanadat **25** durch tmps.

net werden, welche als Intermediat, ähnlich wie im Fall der Photolyse des Niobatkomplexes **23**, während der Reaktion auftreten sollte.
Die vier mit einem „d" versehenen Banden sprechen für eine Tetracarbonylstruktur. Das Bandenmuster erinnert an das der Verbindung
32. Die analoge Vanadiumverbindung $[Et_4N][(\kappa^2\text{-tmps})V(CO)_4]$ (**35**)
tritt in der Reaktion somit ebenfalls auf. Die mit „f" gekennzeichneten Absorptionsbanden gehören zum Endprodukt der Photolyse,
bei dem es sich vermutlich um $[Et_4N][(\kappa^3\text{-tmps})V(CO)_3]$ (**34**) handelt. Als Komplex mit einer C_{3v}-Symmetrie und drei facial ange-
ordneten CO-Liganden sollte dieser zwei CO-Absorptionsbanden im
IR-Spektrum aufweisen. Dass die lichtinduzierte Reaktion zwischen
homoleptischen Carbonylmetallaten $[R_4N][M(CO)_6]$ und dreizähni-
gen Phosphanliganden im Falle des Vanadiums zum dreifach substituierten Produkt führt, während die analoge Reaktion im Falle der
Niobverbindung auf der Stufe des disubstituierten Komplexes stehen

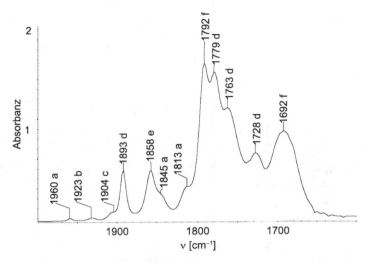

Abbildung 2.12: *in situ* FT-IR-Spektrum der Bestrahlung von **36** und tmps in THF im Bereich von $\nu = 2000 - 1600\ cm^{-1}$.

bleibt, wurde schon zuvor von Rehder und Mitarbeitern festgestellt. In diesem Fall wurde der Ligand $PhP(CH_2CH_2PPh_2)_2$ (triphos) verwendet.[57,60] Die Herkunft der Bande bei $\nu_{CO} = 1904\ cm^{-1}$ ist bisher ungeklärt. Hierbei könnte es sich um ein Oxidationsprodukt handeln. Die mit einem „b" versehene IR-Bande tritt nur im gezeigten Spektrum auf und ist daher vermutlich nicht direkt ein Teil des Produktgemischs. Es ist wahrscheinlicher, dass es beim Präparieren der Probe oder beim Transport der IR-Zelle zu einem Lufteintritt und damit zu parzieller Zersetzung kam.

Verglichen mit der zuvor besprochenen Photolyse des Niobmetallats **23** verlief die Photolyse im Falle des Vanadiums wesentlich langsamer und der Reaktionsfortschritt stoppte, bevor ein vollständiger Umsatz zum Produkt erreicht war. Die so erhaltenen Produktgemische, welche anhand des IR-Spektrums hauptsächlich aus Verbindung **34** und dem disubstituierten Intermediat **35** bestanden, konnten nicht vollständig getrennt werden.

Der Grund für die erhöhte Reaktionszeit ist vermutlich, dass bei der Bestrahlung keine Lichtquelle mit der optimalen Wellenlänge verwendet wurde. Daher wurde versucht, andere LEDs einzusetzen. Es kamen in unterschiedlichen Ansätzen LEDs der Wellenlängen 465 nm (2,5 W), 440 nm (0,9 W) und eine Weißlicht-LED (gesamter sichtbarer Spektralbereich, 6 W) zum Einsatz, doch es konnte in keinem Fall ein vollständiger Umsatz erreicht werden. In Zukunft muss noch getestet werden, ob eine Quarzglasapparatur in Kombination mit UV-Licht eine verbesserte Reaktionsgeschwindigkeit und einen vollständigen Umsatz erzielen kann.

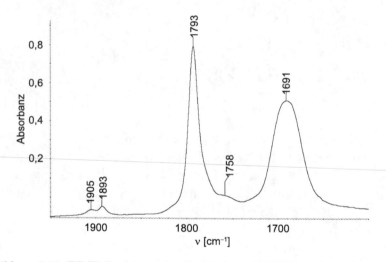

Abbildung 2.13: FT-IR-Spektrum der Verbindung **34** THF im Bereich von $\nu = 1950 - 1600$ cm^{-1}.

Das phosphansubstituierte Vanadiummetallat **34** liegt als gelbes Pulver vor, das sich an Luft grün verfärbt, was auf die Bildung von VO_2 oder einer anderen Vanadium(IV)-verbindung hindeutet.

Im FT-IR-Spektrum der Verbindung in THF (s. Abbildung 2.13) zeigen sich im Carbonylbereich zwei intensive Banden bei $\nu_{CO} = 1793$ und 1691 cm^{-1}. Wie zuvor erwähnt ist dies konsistent mit der For-

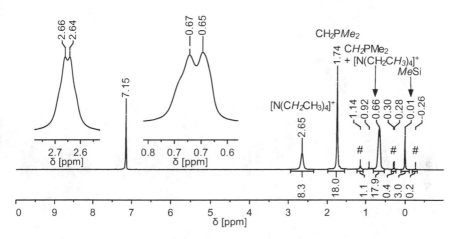

Abbildung 2.14: ^{1}H-NMR-Spektrum von Verbindung **34** in C_6D_6.

mulierung als oktaedrischer *fac*-Triscarbonylkomplex. Die weiteren
Banden stammen von den oben angesprochenen Verunreinigungen.

Das ^{1}H- und das ^{31}P{^{1}H}-NMR-Spektrum sind in Abbildung 2.14
sowie Abbildung 2.15 auf der nächsten Seite gezeigt. Im ^{1}H-NMR-
Spektrum ist nur ein Satz von Signalen für den tmps-Liganden zu
erkennen. Eine Aufspaltung der Signale im Verhältnis 1:2, wie sie
zum Beispiel im ^{1}H-NMR-Spektrum von Verbindung **32** auftritt, da
hier tmps im zweizähnigen Koordinationsmodus gebunden ist, lässt
sich nicht beobachten. Durch die drei Spiegelebenen im C_{3v}-symme-
trischen Komplexanion [(κ^3-tmps)V(CO)$_3$]$^-$ sind alle Arme des Liganden homotop.

Die drei Phosphorkerne zeigen im ^{31}P{^{1}H}-NMR-Spektrum der
Verbindung ein einziges, sehr breites Signal bei $\delta = -8{,}4$ ppm mit
einer Halbwertsbreite von $\nu_{\frac{1}{2}} = 1790$ Hz. Hierfür verantwortlich ist
wohl die Kopplung der Phosphorkerne zum Isotop ^{51}V. Der Vanadi-
umkern tritt mit einer natürlichen Häufigkeit von 99,7 % auf und hat
einen Kernspin von $I = \frac{7}{2}$. Die Aufspaltung des Signals im ^{31}P-NMR-
Spektrum zu einem Oktett kann nicht beobachtet werden, da offenbar
das Quadrupolmoment von ^{51}V ($Q = -0{,}05 \times 10^{-28}$ m^{2}A)[45] zu

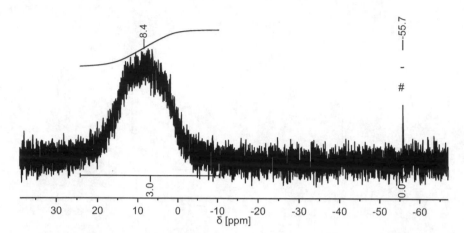

Abbildung 2.15: $^{31}P\{^1H\}$-NMR-Spektrum von Verbindung **34** in C_6D_6.

einer starken Linienverbreiterung führt. Dasselbe Phänomen wurde
von Rehder *et al.* im $^{31}P\{^1H\}$-NMR-Spektrum des schon erwähn-
ten Komplexes *mer*-[Et$_4$N][(κ^3-triphos)V(CO)$_3$] beobachtet.[60] Die
in beiden Spektren mit einer Raute markierten Signale stammen vermutlich von der Verunreinigung **35**.

2.3 Reaktivität der Gruppe 5 Metallate gegenüber Organohalotetrel(II)-verbindungen

Angelehnt an die Synthese des ersten Germylidinkomplexes von Power
et al.[20] wurde die Reaktivität der zuvor synthetisierten Niobatkomplexe gegenüber zweiwertigen Organotetrelverbindungen untersucht,
die für eine Synthese von Germylidin- und Stannylidinkomplexen geeignet erschienen. Das Vanadiummetallat **34** konnte aufgrund der
Verunreinigungen nicht eingesetzt werden.

Zunächst wurde das Tetraethylammoniumsalz des diphosphansubstituierten Komplexes **32** in THF mit Ar^{Mes}GeCl (**12**) zur Reaktion
gebracht (s. Schema 2.8 auf der nächsten Seite). Es ließ sich sofort
ein Farbumschlag der orangefarbenen Lösung nach violettbraun begleitet von reger Gasentwicklung beobachten. Ein *in situ* ATR-IR

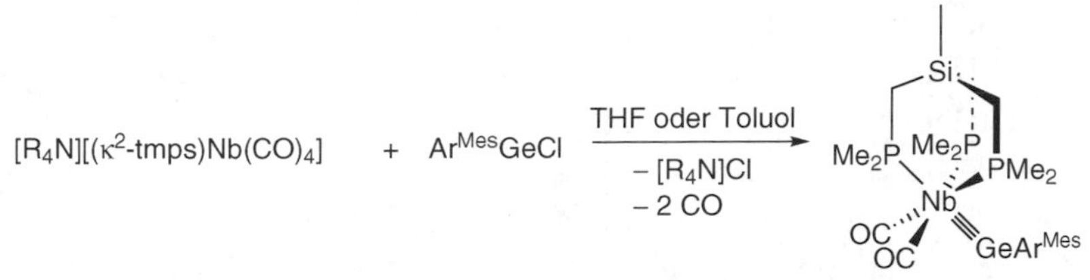

$$[\text{R}_4\text{N}][(\kappa^2\text{-tmps})\text{Nb(CO)}_4] \quad + \quad \text{Ar}^{\text{Mes}}\text{GeCl} \quad \xrightarrow[\substack{-[\text{R}_4\text{N}]\text{Cl} \\ -2\,\text{CO}}]{\text{THF oder Toluol}}$$

32 und 33   12   37

Schema 2.8: Synthese des Germylidinkomplexes **37**.

des Films, welcher durch Verdampfen der überstehenden Lösung auf dem ATR-Kristall entstand, zeigte im Carbonylbereich zwei neue Absorptionsbanden. Dies deutet auf die Bildung eines Komplexes mit *cis*-Dicarbonylstruktur hin. Der Rückstand nach Entfernen des Lösungsmittels wurde in C_6D_6 NMR-spektroskopisch untersucht. Im ^{1}H-NMR-Spektrum (s. Abbildung 2.16 auf der nächsten Seite) des Benzolextrakts des so erhaltenen Rohprodukts lassen sich zwei unterschiedliche Signalsätze für den *m*-Terphenylsubstituenten erkennen, bei denen es sich nicht um das Edukt **12** handelt. Die Signale der Methylprotonen des Ar^{Mes}-Substituenten treten jeweils im Integralverhältnis 2:1 auf. Sie sind in der Abbildung mit „Ar^{Mes}1" beziehungsweise „Ar^{Mes}2" markiert. Daneben sind Signale zu erkennen, welche vom tmps-Liganden stammen und mit „tmps" gekennzeichnet sind. Die Signale der Methylenprotonen und der phosphorgebundenen Methylgruppen treten jeweils im Integralverhältnis von 2:1 auf. Darüber hinaus lässt sich erkennen, dass der Signalsatz des tmps-Liganden und einer der vom *m*-Terphenylsubstituenten stammenden Signalsätze (Ar^{Mes}2) im Verhältnis 1:1 auftreten. Dies deutet auf die Bildung zweier Verbindungen hin, die in Lösung C_s-Symmetrie aufweisen. Eine der Verbindungen enthält einen Ar^{Mes}-Substituenten und einen tmps-Liganden im Verhältnis 1:1. Der andere Signalsatz kann vermutlich der Verbindung $[\text{Et}_4\text{N}][\text{Ar}^{\text{Mes}}\text{GeCl}_2]$ (**38**) zugeordnet wer-

den,[3] wobei die Signale bei $\delta = 0{,}47$ und $2{,}32$ ppm vermutlich zum
Gegenion $[\text{Et}_4\text{N}]^+$ gehören. Die chemische Verschiebung dieser Signale weicht leicht von der im NMR-Spektrum der isolierten Verbindung
ab, was vermutlich auf eine unterschiedliche Polarität der Proben-
lösungen oder eine Konzentrationsabhängigkeit der chemischen Verschiebung dieser Signale zurückzuführen ist und in Zukunft näher
untersucht werden sollte.

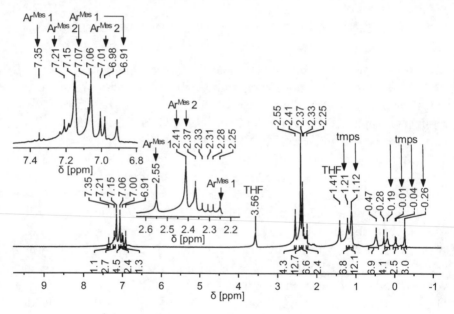

Abbildung 2.16: ^{1}H-NMR-Spektrum des Rohprodukts der Reaktion des Niobmetallats **32** mit Chlorogermylen **12** in C_6D_6.

Im Licht der dargestellten spektroskopischen Daten und Beobachtungen kann darauf geschlossen werden, dass das Metallat **32** erfolgreich mit dem Chlorogermylen **12** unter Salzmetathese und dem Ver-

---

3 ^{1}H-NMR-Daten der isolierten Verbindung **38** (300,1 MHz, C_6D_6, 298 K,
   ppm): $\delta = 0{,}40$ (tt, 12H, $4 \times \text{NCH}_2\text{C}H_3$, NEt_4^+), 2,20 (q, 8H, $4 \times \text{NC}H_2\text{CH}_3$,
   NEt_4^+), 2,25 (s, 6H, $2 \times$ p-*Me*, Mes), 2,57 (s, 12H, $2 \times$ o-*Me*, Mes), 6,92
   (s, 4H, $4 \times$ m-*H*, Mes), 7,08 (d, 2H, $2 \times$ m-*H*, C_6H_3), 7,36 (t, 1H, p-*H*,
   C_6H_3).[31]

lust von zwei CO-Liganden zum gewünschten Germylidinkomplex $[(\kappa^3\text{-tmps})(CO)_2Nb\equiv GeAr^{Mes}]$ (37) reagiert. Es spricht hierfür die C_s-Symmetrie des Komplexes in Lösung und die Anwesenheit eines Ar^{Mes}-Substituenten sowie eines tmps-Liganden, wie sie im ^{1}H-NMR-Spektrum erkennbar sind. Die *cis*-Carbonylstruktur lässt sich anhand des IR-Spektrums ermitteln. Es wird somit nicht nur unter Salz- und CO-Eliminierung die Ge≡Nb-Dreifachbindung geknüpft, sondern auch ein weiterer CO-Ligand durch den im Ausgangskomplex 32 noch freien Ligandenarm substituiert. Das eliminierte Salz $[Et_4N]Cl$ reagiert anschließend mit gelöstem Chlorogermylen 12 zum Germanatsalz 38. Gestützt wird diese These dadurch, dass Verbindung 38 schon zuvor in einem separaten Versuch auf diese Weise synthetisiert werden konnte.[31] Die Bildungsreaktion dieser Verbindung ist in Schema 2.9 abgebildet.

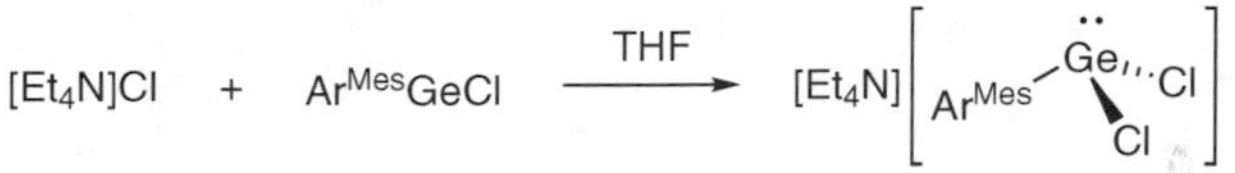

$$[Et_4N]Cl \;+\; Ar^{Mes}GeCl \;\xrightarrow{\;THF\;}\; [Et_4N]\left[Ar^{Mes}\!-\!\overset{\cdot\cdot}{Ge}\diagdown{}^{Cl}_{Cl}\right]$$

$$\qquad\qquad 12 \qquad\qquad\qquad\qquad\qquad 38$$

Schema 2.9: Reaktion von $[Et_4N]Cl$ mit Chlorogermylen 12.

Diese Folgereaktion führte zu unerwarteten Problemen. Eine einfache Extraktion des Rohprodukts zum Entfernen des Metathesesalzes mit aliphatischen Lösungsmitteln war nicht möglich. Die Löslichkeit des Germylidinkomplexes 37 in diesen Lösungsmitteln ist so gering, dass zur Extraktion von 1 g der Verbindung zirka 400 mL *n*-Hexan nötig wären. Wird die Polarität der Extraktionslösung durch Zugabe von zum Beispiel Toluol erhöht, führt das teilweise zum Mitschleppen des Germanatsalzes 38, obwohl das Salz als Reinsubstanz nur schwer in aromatischen Lösungsmitteln löslich ist. Die Anwesenheit des Germylidinkomplexes erhöht hierbei vermutlich die Löslichkeit des Salzes. Es war also nötig, die Synthese dahingehend anzupassen, dass es nicht zur Bildung des Germanatsalzes kommt. Hierzu wurde als Reaktionsmedium Toluol statt THF verwendet. Außerdem wur-

de die Reaktion bei tiefen Temperaturen durchgeführt und statt des
Tetraethylammoniumsalzes **32** das Tetramethylammoniumderivat **33**
verwendet. Auch bei dieser Reaktionsführung ließ sich eine Braun-
violettfärbung der ursprüglich orangefarbenen Suspension erkennen,
welche bei zirka − 35 °C einsetzte. Diese wurde wieder von einer intensiven Gasentwicklung begleitet. Wie zuvor wurde der Rückstand nach
Entfernen des Lösungsmittels NMR-spektroskopisch untersucht. Anhand des ^{1}H-NMR-Spektrums dieses Rohprodukts kam es nicht zur
Bildung eines Germanatsalzes. Durch die Herabsetzung der Polarität
des Reaktionsmediums in Kombination mit der verringerten Temperatur wird offenbar die Folgereaktion zwischen dem Metathesesalz
[Me$_4$N]Cl und noch nicht abreagiertem Chlorogermylen **12** so lange
unterdrückt, bis die Bildung des Germylidinkomplexes abgeschlossen
ist und kein Germylen mehr in Lösung ist. Die verringerte Löslichkeit
von Tetramethylammoniumchlorid im Vergleich zu Tetraethylammoniumchlorid in Toluol könnte hierbei auch eine entscheidende Rolle
spielen.

Mit den verbesserten Reaktionsbedingungen konnte der Germylidinkomplex **37** in moderater Ausbeute von 54 % als tief magentafarbenes Pulver analysenrein isoliert werden. Er ist in aliphatischen
Lösungsmitteln kaum, in aromatischen Lösungsmitteln und Diethylether moderat und in THF gut löslich. Die Lösungen sind intensiv violettbraun gefärbt. Die Verbindung ist gegenüber Feuchtigkeit
kaum empfindlich, dagegen aber sehr sensitiv gegenüber Luftsauerstoff. In Substanz und Lösung entfärbt sie sich bei Luftkontakt innerhalb von Sekunden. Das beigefarbene Zersetzungsprodukt weist
keine IR-Banden im Carbonylbereich auf, was für eine vollständige
Decarbonylierung spricht. Der Niobgermylidinkomplex weist außerdem eine hohe thermische Beständigkeit auf. In Toluol konnte die
Verbindung über Stunden auf 90 °C erhitzt werden, ohne dass eine
Zersetzung anhand der Intensitäten der IR-Banden im Carbonylbereich der Substanz in Lösung nachgewiesen werden konnte. In Substanz zersetzt sie sich erst bei einer Temperatur von 284 °C zu einer
schwarzen Masse, ohne dass zuvor ein Schmelzen erkennbar ist.

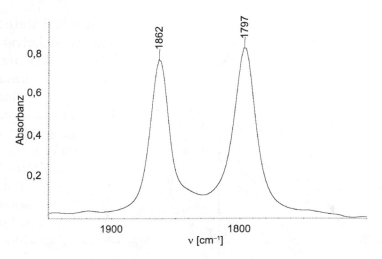

Abbildung 2.17: FT-IR-Spektrum der Verbindung **37** in Fluorbenzol im Bereich von $\nu = 1950 - 1700$ cm^{-1}.

Das IR-Spektrum des Germylidinkomplexes in Fluorbenzol zeigt zwei Banden im Carbonylbereich bei $\nu_{CO} = 1862$ und 1797 cm^{-1} (s. Abbildung 2.17). Anhand des Intensitätsverhältnisses der CO-Absorptionsbanden lässt sich nach der Formel

$$\frac{I(sym)}{I(asym)} = cot^2\left(\frac{\phi}{2}\right)$$

der Winkel zwischen den Carbonylliganden in einem oktaedrischen *cis*-Carbonylkomplex berechnen.[61] Hierbei sind $I(sym)$ und $I(asym)$ die relativen Intensitäten der Absorptionsbanden für die symmetrische beziehungsweise asymmetrische Valenzschwingung der CO-Liganden und ϕ der Winkel zwischen ihnen. Es ergibt sich aus dem IR-Spektrum von Verbindung **37** ein Winkel von 91,17 °, wie es in einem oktaedrischen Komplex zu erwarten ist. Ein Vergleich der vorliegenden IR-spektroskopischen Daten mit Literaturwerten ist schwierig, da kaum ähnliche Komplexe bekannt sind.

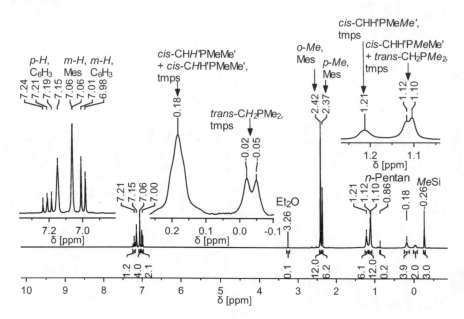

Abbildung 2.18: ^{1}H-NMR-Spektrum des Germylidinkomplexes **37** in C_6D_6 bei einer Messfrequenz von $\nu = 300{,}1$ MHz.

Das ^{1}H-NMR-Spektrum des Germylidinkomplexes in Benzol-d_6 ist in Abbildung 2.18 gezeigt. Wie zuvor besprochen, erzeugen die Methylprotonen der Mesitylsubstituenten nur zwei Signale bei $\delta = 2{,}37$ und 2,42 ppm in einem Integralverhältnis von 1:2. Eine Aufspaltung des Signals der *ortho*-ständigen Methylgruppen erfolgt nicht. Die Signale, welche den phosphangebundenen Methylgruppen und den Methylengruppen des tmps-Liganden zugeordnet werden können, treten jeweils im Integralverhältnis von 1:2 auf. Wechselt man das Lösungsmittel von deuteriertem Benzol zu THF-d_8 ist eine weitere Aufspaltung des Signals, welches in C_6D_6 bei $\delta = 1{,}11$ ppm erscheint, im Integralverhältnis 1:1 erkennbar. Durch ^{1}H-^{13}C-NMR-Korrelationsspektren konnte gezeigt werden, dass diese Signale jeweils von der zum Germylidinliganden *trans*-ständigen PMe$_2$-Gruppe und den beiden diastereotopen Methylsubstituenten der *cis*-ständigen

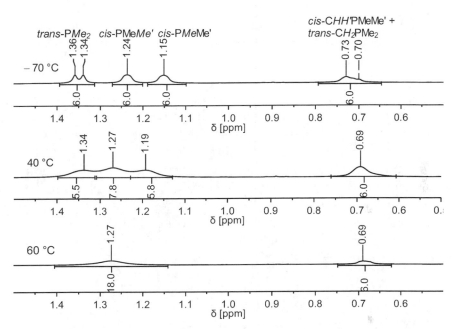

Abbildung 2.19: ^{1}H-NMR-Spektren des Germylidinkomplexes **37** im Bereich von 0,5 − 1,5 ppm in THF-d_8 bei variabler Messtemperatur. Alle Spektren wurden unabhängig von der Messtemperatur auf das Protonenrestsignal des deuterierten Lösungsmittels bei δ = 3,58 ppm kalibriert.

PMeMe'-Gruppen stammen. Alle von den Protonen des tmps-Liganden stammenden Signale sind bei Raumtemperatur verglichen mit den Signalen der Wasserstoffatome des Ar^{Mes}-Substituenten deutlich verbreitert. Es treten Halbwertsbreiten von $\nu_{\frac{1}{2}}$ = 2,3 Hz für das Signal der Methylgruppe am Siliciumatom bis hin zu $\nu_{\frac{1}{2}}$ = 16,2 Hz beim Signal bei δ = 0,18 ppm auf. Ein Wechsel der ^{1}H-Messfrequenz von ν − 300 MHz auf 400 MHz hat dabei keinen signifikanten Einfluss auf die Linienbreite. Die Halbwertsbreite der Signale der phosphorgebundenen Methyl- und Methylengruppen zeigt eine ausgeprägte Temperaturabhängigkeit (s. Abbildung 2.19). Bei − 70 °C lassen sich drei getrennte Signale für die Wasserstoffatome der phosphorgebundenen Methylgruppen erkennen. Mit steigender Temperatur nimmt die Halbwertsbreite der Signale signifikant zu bis bei 50 °C nur noch ein breites Signal erscheint. Dieser Effekt wird auch für die Signale der Methylenprotonen beobachtet.

Das Signalmuster und Integralverhältnis der Signale der Methylgruppen des Mesitylsubstituenten sind konsistent mit der Vermutung, dass der Komplex in Lösung C_s-symmetrisch vorliegt. Dass dabei die Signale der Methylgruppen in *ortho*-Position isochron sind, deutet auf eine ungehinderte Rotation des *m*-Terphenylsubstituenten um die Germanium-Kohlenstoff-Bindung auf der NMR-Zeitskala hin. Die Symmetrie des Komplexes bedingt, dass die phosphangebundenen Methylgruppen sowie die Wasserstoffatome der Methylengruppen der beiden zum Germylidinliganden *cis*-ständigen Arme des tmps-Liganden diastereotop werden.

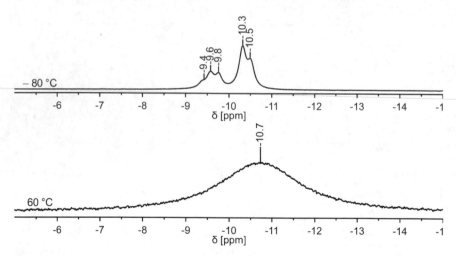

Abbildung 2.20: $^{31}P\{^1H\}$-NMR-Spektren des Germylidinkomplexes **37** im Bereich von − 15 − − 5 ppm in THF-d_8 bei variabler Messtemperatur. Alle Spektren wurden unabhängig von der Messtemperatur mit einem SR-Wert von − 39,0 Hz kalibriert.

Im $^{31}P\{^1H\}$-NMR-Spektrum des Germylidinkomplexes bei Raumtemperatur in deuteriertem Benzol lässt sich nur ein breites Signal bei $\delta = -11{,}0$ ppm mit einer Halbwertsbreite von $\nu_{\frac{1}{2}} = 183$ Hz erkennen. Obwohl die Verbindung zwei Gruppen nicht äquivalenter Phosphorkerne enthält, treten für diese Kerne keine getrennten Signale mit einem Integralverhältnis von 2:1 auf, wie es zu erwarten wäre. Erst beim Herabkühlen der Probe beginnt das breite Signal auseinanderzulaufen und bei $-80\ ^\circ$C lassen sich die getrennten Signale im erwarteten Integralverhältnis erkennen, von denen das kleinere Signal zu einem Triplett, das größere zu einem Dublett aufgespalten ist. Die Kopplungskonstante beträgt $^2J_{\mathrm{P_{cis},P_{trans}}} = 20{,}9$ Hz. Die Halbwertsbreite des entsprechenden Signals nimmt mit steigender Messtemperatur weiter zu und erreicht bei $60\ ^\circ$C einen Wert von $\nu_{\frac{1}{2}} = 265$ Hz (vgl. Abbildung 2.20 auf der vorherigen Seite).

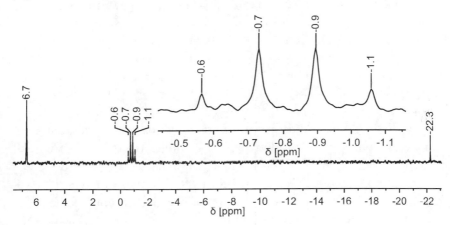

Abbildung 2.21: Dept 20 ^{29}Si$\{^1$H$\}$-NMR-Spektrum des Germylidinkomplexes **37** in $\mathrm{C_6D_6}$.

Das ^{29}Si$\{^1$H$\}$-NMR-Spektrum von Verbindung **37** in $\mathrm{C_6D_6}$ zeigt ein Quartett bei $\delta = -0{,}8$ ppm. Die Kopplungskonstante beträgt $^2J_{\mathrm{Si,P}} = 9{,}8$ Hz. Selbst bei einer Messtemperatur von $-80\ ^\circ$C konnte keine Veränderung des Kopplungsmusters beobachtet werden. Die anderen Signale im Spektrum stammen von Oligosiloxanen, die vermutlich über die zur Probenpräparation verwendete Einmalspritze in die Probe gelangt sind (vgl. Abbildung 2.21).

Für die vorgeschlagene Symmetrie des Komplexes in Lösung sollte das Signal des Siliciumkerns im tmps-Liganden durch die Kopplung zum *trans*-ständigen Phosphorkern und die Kopplung zu den beiden Phosphoratomen in *cis*-Position zum Germylidinliganden allerdings zu einem Dublett von Tripletts oder einem Triplett von Dubletts (je nach Größe der Kopplungskonstanten) aufgespalten sein. Nur wenn die Kopplungskonstanten $^2J_{\mathrm{Si},trans\text{-}\mathrm{P}}$ und $^2J_{\mathrm{Si},cis\text{-}\mathrm{P}}$ gleich groß oder sehr ähnlich werden, ergäbe sich eine Quartettaufspaltung.

Im ^{13}C{^{1}H}-NMR-Spektrum in THF-d_8 bei Raumtemperatur zeigen sich sechs Signale für die Kohlenstoffatome des tmps-Liganden. Die Signale der Methylenkohlenstoffatome bei $\delta = 15{,}4$ beziehungsweise 15,7 ppm erscheinen verbreitert. Die phosphorgebundenen Methylkohlenstoffatome erzeugen drei Signale gleichen Integralverhältnisses bei $\delta = 21{,}8$, 25,0 und 33,0 ppm, die durch die Kopplung zu den Phosphorkernen zu breiten Multipletts aufgespalten sind. Die Zuordnung erfolgte auf Basis von ^{1}H-^{13}C-Korrelationsspektren. Auch die Linienbreite dieser fünf Signale zeigt eine ausgeprägte Temperaturabhängigkeit (s. Abbildung 2.23 auf Seite 52). Bei einer Messtemperatur von 60 °C lässt sich im ^{13}C{^{1}H}-NMR-Spektrum in THF-d_8 für die drei Methylenkohlenstoffatome nur noch eine Resonanz erkennen. Die Signale der phosphorgebundenen Methylkohlenstoffatome werden so breit, dass sie fast im Rauschen verschwinden. Die veränderte Messtemperatur hat jedoch nur einen geringen Einfluss auf die relative Position der Signale zueinander. Im Bereich der aromatischen Kohlenstoffatome lassen sich acht Signale für die Kohlenstoffkerne des *m*-Terphenylsubstituenten erkennen. Das Signal der Carbonylkohlenstoffatome erscheint bei $\delta = 239{,}2$ ppm als breites Singulett (s. Abbildung 2.22 auf der nächsten Seite).

Auch das ^{13}C{^{1}H}-NMR-Spektrum spricht für eine Spiegelebene als einziges Symmetrieelement im Molekül in Lösung. Das Vorhandensein von nur acht Signalen im aromatischen Bereich für die aromatischen Kohlenstoffatome des Ar^{Mes}-Substituenten lässt sich mit der schon im ^{1}H-NMR-Spektrum beobachteten schnellen Rotation der Terphenylgruppe um die Germanium-Kohlenstoff-Bindung erklä-

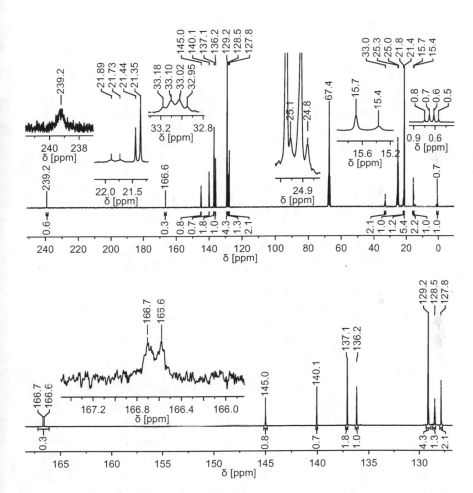

Abbildung 2.22: $^{13}C\{^1H\}$-NMR-Spektrum des Germylidinkomplexes **37** in THF-d_8 und Vergrößerung des aromatischen Bereichs. Die Zuordnung der Signale erfolgt zur besseren Übersicht im Fließtext.

ren, welche auch die Kohlenstoffatome in *ortho*- und *meta*-Position der Mesitylringe äquivalent erscheinen lässt.

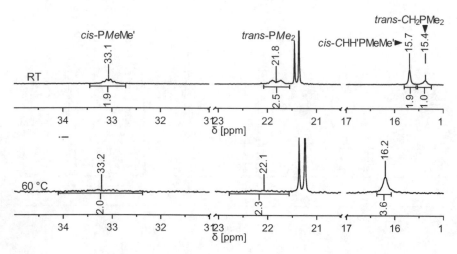

Abbildung 2.23: ^{13}C{^{1}H}-NMR-Spektrum des Germylidinkomplexes **37** im Bereich von − 15 bis − 35 ppm in THF-d_8 bei variabler Messtemperatur. Alle Spektren wurden unabhängig von der Messtemperatur auf das ^{13}C-NMR-Signal des Lösungsmittels bei δ = 67,4 ppm kalibriert.

Die chemische Verschiebung der Carbonylkohlenstoffatome in ^{13}C-NMR-Spektren lässt sich als Sonde für die Stärke der Rückbindung vom Metall zu den Carbonylliganden nutzen. Allgemein zeigt sich der Trend, dass eine Tieffeldverschiebung dieser Signale auf eine stärkere Rückbindung hindeutet.[59] Die Differenz der chemischen Verschiebungen der Carbonylkohlenstoffsignale im Niobgermylidinkomplex **37** und dem eingesetzten Metallat **33** beträgt 12,7 ppm, wobei das entsprechende Signal im Germylidinkomplex weiter zu tiefem Feld hin verschoben ist. In Verbindung **37** scheint es somit eine stärkere Rückbindung zu den verbleibenden zwei Carbonylliganden zu geben. Das lässt sich dadurch erklären, dass während der Reaktion zwei Carbonylliganden aus dem Tetracarbonylkomplex **33** durch einen stark σ-basischen Phosphanliganden und den Germylidinliganden ersetzt werden, welcher eine schwächere π-Säure als ein Carbonylligand ist. Letzteres lässt sich daraus schließen, dass Germylidinliganden ein höheres σ-Donor/π-Akzeptor-Verhältnis aufweisen als Alkylidinliganden,[62] welche wiederum selbst relativ schwache π-Akzeptoren sind.[63] Theoretisch hätte auch ein Vergleich der Carbonylschwingungsfrequenzen der beiden Komplexe eine Aussage über die Elektronendichte am Metall erlaubt. Jedoch lassen sich die von der Tetracarbonylstruktur hervorgerufenen vier CO-Absorptionsbanden schwer mit den beiden IR-Banden der cis-Dicarbonylstruktur vergleichen.

Die Temperaturabhänigkeit der Linienbreite der Signale der Phosphoratome, der phosphorgebunden Kohlenstoffatome und der Methyl- beziehungsweise Methylenprotonen des tmps-Liganden in den entsprechenden NMR-Spektren des Germylidinkomplexes **37** kann verschiedene Ursachen haben. Es ist möglich, dass das Molekül fluktuiert und der Austausch der Liganden innerhalb der Ligandenspähre des Zentralatoms bei erhöhter Temperatur auf der NMR-Zeitskala schnell abläuft, wodurch die drei Arme des tmps-Liganden in den NMR-Spektren äquivalent erscheinen. Es ist jedoch auch möglich, dass die beobachtete Signalverbreiterung auf die temperaturabhängige Relaxationszeit des ^{93}Nb-Kerns zurückzuführen ist, wie es auf Seite 19 bereits erläutert wurde. Während die entsprechenden Spektren bei tiefer Temperatur und damit schneller Quadrupolrelaxation effektiv niobentkoppelt wären, würde eine Erhöhung der Messtemperatur zu einer verlangsamten Relaxation des Quadrupolkerns und damit zu einer erhöhten Halbwertsbreite der Signale aller Kerne führen, welche mit dem ^{93}Nb-Kern koppeln.[46] Anhand der vorliegenden NMR-spektroskopischen Daten kann keine genaue Aussage darüber getroffen werden, welcher der beiden Prozesse für die temperaturabhängige Linienbreite der betroffenen Signale verantwortlich ist oder ob beides eine Rolle spielt. Dass die Signale der Methylkohlenstoffatome im ^{13}C{^{1}H}-NMR-Spektrum bei 60 °C jedoch nur stark verbreitert erscheinen ohne eine Koaleszenz erkennen zu lassen, ist ein Hinweis dafür, dass tatsächlich kein Austauschprozess beteiligt ist. Weitere NMR-Experimente bei höherer Temperatur in einem anderen Lösungsmittel müssen dennoch durchgeführt werden, um, falls möglich, die Hochtemperaturgrenzspektren zu erhalten. Mit ihnen sollte es möglich sein, die betrachteten Fälle eindeutig zu unterscheiden.

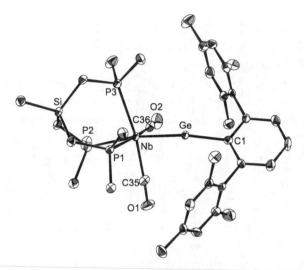

Abbildung 2.24: Diamond-Darstellung der Molekülstruktur des Germylidinkomplexes **37** im Festkörper. Thermische Ellipsoide entsprechen einer Aufenthaltswahrscheinlichkeit von 50 % bei 123,15 K. Wasserstoffatome sind zur besseren Übersicht nicht abgebildet. Wichtige Bindungslängen [pm] und -winkel [°]: Nb-Ge = 235,79(4); Nb-P1 = 259,52(9); Nb-P2 = 258,0(1) Nb-P3 = 261,2(1); Nb-C35 = 206,5(4); Nb-C36 = 206,0(4); Ge-C1 = 196,3(3); C35-O1 = 115,5(4); C36-O2 = 116,8(5); Nb-Ge-C1 = 164,0(1); C35-Nb-C36 = 92,5(2).

Einkristalle der Verbindung **37** wurden erhalten, indem n-Hexan langsam bei tiefen Temperaturen in eine gesättigte Lösung der Verbindung in THF diffundiert wurde. Sie waren für eine Röntgenstrukturanalyse geeignet. Die Verbindung kristallisiert in der monoklinen Raumgruppe $P2_1$ mit zwei Molekülen **37** und zwei Molekülen THF in der Einheitszelle. Die Molekülstruktur im Festkörper ist in Abbildung 2.24 dargestellt. Die sechs Liganden nehmen um das Zentralmetall eine verzerrt oktaedrische Anordnung ein. Die beide zum Germylidinliganden *cis*-ständigen Phosphoratome weisen P-Nb-Ge-Bindungswinkel von deutlich mehr als 90° auf, während die anderen Interligandwinkel um das Niobatom nahe bei 90° liegen. Die drei Diederwinkel Si-C-P-Nb betragen 25,0(3)°, 29,7(2)° und 23,9(9)°. Der tmps-Ligand ist somit im Festkörper leicht verzerrt und die Methylengruppen der Ligandenarme sind um die Nb-Si-Achse verdreht, was die Spiegelebene im Molekül aufhebt. Schema 2.10 verdeutlicht diese Verzerrung graphisch. Eine solche Torsion wird häufig bei derartigen tripodalen Phosphanliganden beobachtet und kann vermutlich darauf zurückgeführt werden, dass durch die Verdrehung ein besserer Bisswinkel für die Koordination aller drei Phosphoratome ans Zentralmetall resultiert.[50] Da die spektroskopischen Daten der Verbindung allerdings auf eine C_s-Symmetrie des Komplexes in Lösung schließen lassen, scheint die Energiebarriere zum Übergang von der Verdrehung im Uhrzeigersinn in die Verdrehung gegen den Uhrzeigersinn so gering zu sein, dass der Komplex bei Raumtemperatur im Mittel spiegelsymmetrisch erscheint.

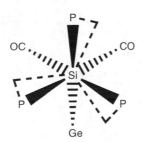

Schema 2.10: Sicht entlang der Si-Nb-Achse im Germylidinkomplex **37** zur Darstellung der Verdrehung des tmps-Liganden.

Der erhöhte Bindungswinkel zwischen dem Germanium-, Niob- und den *cis*-ständigen Phosphoratomen sowie der für einen Germylidinkomplex recht spitze Nb-Ge-C1-Winkel von 164,0(1)° könnten durch sterische Effekte erklärt werden. Durch die Erhöhung der Bindungswinkel wird eine sterische Wechselwirkung zwischen den Methylgrup-

pen des Terphenylliganden und den phosphorgebundenen Methylgruppen verringert. Der kürzeste Abstand zweier Wasserstoffatome
dieser Gruppen beträgt im Komplex zirka 250 pm, was der Summe der van-der-Waals-Radien von 240 pm[64] schon nahe kommt.
Der Bindungsabstand zwischen dem Niob- und Germaniumatom ist
mit 235,79(4) pm etwa 6 pm länger als der aus den Kovalenzradien für Dreifachbindungen berechnete Wert von 230 pm.[65] Der
Metall-Tetrel-Bindungsabstand in Germylidinkomplex **37** ist allerdings 16,0(1) pm kürzer als die Nb=Ge-Doppelbindung im Germylidenkomplex $[Cp(CO)_3Nb=Ge(Cl)Ar^{Mes}]$ (**39**)[41] und knapp 33 pm
kürzer als die Summe der Atomradien (269 pm)[66] der beiden Elemente. Verglichen mit dem Molybdän-Germanium-Abstand im Germylidinkomplex von Power *et al.*[20] ist die Metall-Tetrel-Bindung im
hier synthetisierten Komplex um 8,6(1) pm aufgeweitet. Diese Ver-
längerung steht im Einklang mit dem um 7 pm größeren Atomradius
des Niobs verglichen mit Molybdän.[66] Eine Auswahl verschiedener
relevanter Metall-Germanium-Bindungslängen ist in Tabelle 2.1 dargestellt.

Tabelle 2.1: Metall-Tetrel-Bindungslängen ausgewählter Tetrelylidin, Tetrelyli-
den und Tetrelylverbindungen (E = Ge, Sn).

Verbindung	d (M-E) [pm]	Ref.
$[(\kappa^3\text{-tmps})(CO)_2Nb\equiv GeAr^{Mes}]$ (**37**)	235,79(4)	–
$[Cp(CO)_3Nb=Ge(Cl)Ar^{Mes}]$ (**39**)	251,78(6)	[41]
$[(\eta^5\text{-}C_5H_4TMS)(H)_2Nb-GePh_3]$ (**40**)	271,0(1)	[67]
$[Cp(CO)_2Mo\equiv GeAr^{Mes}]$ (**10**)	227,1(1)	[20]
$[(\kappa^3\text{-tmps})(CO)_2Nb\equiv SnAr^{Mes}]$ (**47**)	253,2(1)	–
$[Cp_2(CO)Nb-SnPh_3]$ (**41**)	282,5(2)	[68]

Der Winkel zwischen den beiden CO-Liganden beträgt im Festkörper 92,5(2)°, was gut mit dem aus dem IR-Spektrum berechneten
Wert von 91,17° übereinstimmt.

Die Reaktivität des Germylidinkomplexes gegenüber kleinen polaren Molekülen wurde anhand ausgewählter Reaktionen überprüft,

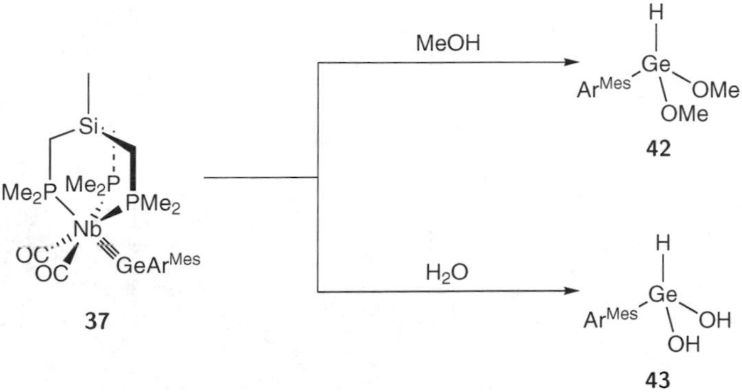

Schema 2.11: Versuche zur Reaktivität des Germylidinkomplexes **37**.

die in Schema 2.11 aufgeführt sind. Die Verbindung ist bei Raumtemperatur kaum hydrolyseempfindlich. Erst als die braunviolette Lösung des Komplexes in THF/Wasser im Verhältnis 2:1 mehrere Stunden auf 60 °C erhitzt wurde, zeigte ein allmählicher Farbumschlag nach orangebraun an, dass es zu einer Reaktion kam. Der benzollösliche Anteil des orangebraunfarbenen Rohprodukts wurde IR- und NMR-spektroskopisch untersucht. Außerdem wurde ein IR-Spektrum des Rohprodukts selbst in THF gemessen.

Das IR-Spektrum des benzollöslichen Anteils zeigt im Bereich der OH-Valenzschwingung zwei Absorptionsbanden bei $\nu = 3600$ und 3398 cm^{-1}, wobei die zuletzt genannte Bande sehr breit ist. Im Bereich von 2200 bis 1700 cm^{-1} lassen sich vier Banden bei $\nu = 2104$, 1932, 1834 und 1818 cm^{-1} erkennen. Das IR-Spektrum des Rohprodukts in THF zeichnet sich durch die gleichen Banden aus, die Intensitäten der Bande bei $\nu = 2104$ cm^{-1} und der Banden im OH-Valenzschwingungsbereich sind jedoch geringer.

Das ^{1}H-NMR Spektrum ist in Abbildung 2.25 gezeigt. Es sind neben dem typischen Signalsatz für die Protonen des Ar^{Mes}-Substituenten zwei weitere Signale erkennbar. Das Dublett bei $\delta = 0{,}92$ ppm und das Triplett bei $\delta = 5{,}61$ ppm weisen eine Kopplungskonstante

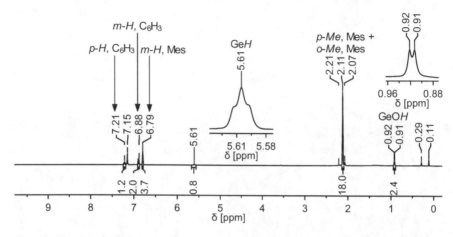

Abbildung 2.25: ^{1}H-NMR-Spektrum des benzollöslichen Anteils der Hydrolyse-
produkte des Germylidinkomplexes **37** in deuteriertem Benzol.

von $^3J_{\mathrm{H,H}} = 3{,}5$ Hz auf.[4] Das ^{31}P$\{^1$H$\}$-NMR-Spektrum der Probe
war bis auf sehr breite Signale geringer Intensität, die kaum über das
Rauschen hinauskamen, frei von Signalen.

Die IR-Spektren weisen darauf hin, dass die Verbindung mindes-
tens eine OH-Gruppe enthält, basierend auf den charakteristischen
IR-Banden im OH-Valenzbereich.[69] Dies wird durch das ^{1}H-NMR-
Spektrum gestützt, da das Signal bei $\delta = 0{,}92$ ppm eine ähnliche Verschiebung wie entsprechende Signale anderer Germanole aufweist.[70]
Durch das Integralverhältnis zwischen den Signalen der Hydroxyl-
wasserstoffatome und der Protonen des Terphenylsubstituenten lässt
sich schließen, dass zwei OH-Gruppen pro Ar^{Mes}-Substituent enthalten sind. Die IR-Bande bei $\nu = 2104$ cm^{-1} sowie das ^{1}H-NMR-Signal
bei $\delta = 5{,}61$ ppm weisen auf die Anwesenheit eines Hydrids am
Germaniumatom hin. Auch diese Werte korrespondieren mit den entsprechenden Daten ähnlicher Germaniumhydride.[71] Integralverhältnisse und Kopplungsmuster im ^{1}H-NMR-Spektrum deuten schließlich

---

4   Das Triplett konnte in einem später gemessenen Spektrum besser aufgelöst
     und die Kopplungskonstante eindeutig bestimmt werden.

darauf hin, dass es sich beim benzollöslichen Hydrolyseprodukt des Germylidinkomplexes **37** um die Verbindung $Ar^{Mes}GeH(OH)_2$ (**43**) handelt. Über den Verbleib des Niobfragments $\{(\kappa^3\text{-tmps})(CO)_2Nb\}$ kann anhand der gesammelten Daten keine genaue Aussage getroffen werden. Da die NMR-Spektren des Benzolextrakts keine Signale des tmps-Liganden, weder in freier Form noch an Niob gebunden, enthalten und da die Intensität der IR-Absorptionen im Carbonylbereich des IR-Spektrums des Benzolextrakts verglichen mit dem Spektrum des Rohprodukts stark abnimmt, ist der Ligand vermutlich noch niobgebunden und verblieb im benzolunlöslichen Teil des Rohprodukts. Zukünftig sollte das Hydridogermadiol **43** auf anderem Wege gezielt hergestellt werden, um durch einen Vergleich der spektroskopischen Daten seine Bildung bei der Hydrolyse des Germylidinkomplexes **37** bestätigen zu können.

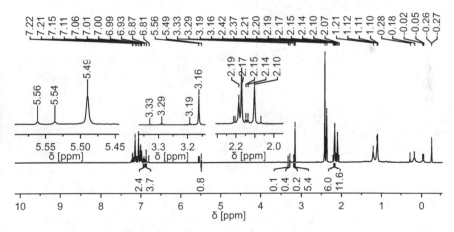

Abbildung 2.26: ^{1}H-NMR-Spektrum des braunen Rohprodukts nach Reaktion des Germylidinkomplexes **37** mit Methanol in deuteriertem Benzol. Integrale der Signale des Germylidinkomplexes sind zur besseren Übersicht nicht abgebildet.

Die Umsetzung des Niobgermylidinkomplexes mit einem Äquivalent Methanol verlief selbst bei erhöhten Temperaturen ohne Reaktion, wie die IR-spektroskopische Reaktionskontrolle zeigte. Selbst in

einer Lösung aus Toluol und Methanol im Verhältnis 5:1 reagierte
der Germylidinkomplex bei Raumtemperatur nur langsam. Der braune Feststoff, welcher nach einer Reaktionszeit von drei Tagen durch
Entfernen des Lösungsmittels im Vakuum erhalten wurde, wurde IR-
und NMR-spektroskopisch untersucht. Das IR-Spektrum des Feststoffs in THF zeigt neben den intensiven Banden des Germylidinkomplexes **37** bei ν_{CO} = 1865 und 1865 cm^{-1} im Carbonylbereich
zwei weitere, wenig intensive Absorptionsbanden bei ν_{CO} = 1923
und 1750 cm^{-1}. Daneben lässt sich eine schwache Bande bei ν =
2280 cm^{-1} erkennen. Das ^{1}H-NMR-Spektrum des Rückstands zeigt
hauptsächich die Signale des Germylidinkomplexes und Toluol (δ =
2,10; 7,01; 7,11 ppm). Daneben sind die Signale für die Protonen eines weiteren m-Terphenylsubstituenten erkennbar (s. Abbildung 2.26
auf der vorherigen Seite). Es fallen außerdem die beiden Signale bei δ
= 3,16 und 5,49 ppm auf, die im Integralverhältnis 1:6 auftreten. Das
^{31}P{^{1}H}-NMR-Spektrum zeigt neben dem bekannten Signal des Germylidinkomplexes noch eine geringe Menge des freien tmps-Liganden.

Auf Basis der Integralverhältnisse der Methylprotonen des Ar^{Mes}-
Substituenten im ^{1}H-NMR-Spektrum des Rückstands und unter der
Annahme, dass das Produkt der Methanolyse des Germylidinkomplexes ebenfalls nur einen Terphenylsubstituenten enthält, lässt sich berechnen, dass nach drei Tagen nur zirka 22 mol% des Germylidinkomplexes **37** umgesetzt wurden. Die Signale bei δ = 3,16 und 5,49 ppm
im ^{1}H-NMR-Spektrum, welche im erwarteten Bereich für germaniumgebundene Methoxy- beziehungsweise Hydridsubstituenten erscheinen,[72] zusammen mit der Anwesenheit einer Ge-H-Streckschwingung
bei ν = 2280 cm^{-1} im IR-Spektrum des Rückstands weisen darauf hin,
dass es sich beim Hauptprodukt der Methanolyse vermutlich um die
Verbindung Ar^{Mes}GeH(OMe)$_2$ (**42**) handelt. Um den Ausgang der
Methanolyse des Germylidinkomplexes vollständig klären zu können,
muss die Reaktion jedoch in größerem Maßstab und bis zum kompletten Umsatz des Germylidinkomplexes durchgeführt und das Produkt
isoliert sowie charakterisiert werden. Hierbei muss außerdem geklärt

werden, was die anderen neuen Signale im ^{1}H-NMR-Spektrum verursacht.

Die vergleichsweise geringe Reaktivität des Niobgermylidinkomplexes gegenüber Wasser und Methanol ist überraschend, da andere Germylidinkomplexe wie der von Power *et al.* dargestellte Komplex **10** eine hohe Reaktionsfreudigkeit gegenüber diesen Reagenzien unter Bildung der Additionsprodukte [Cp(CO)$_2$(H)Mo=Ge(X)Ar^{Mes}] (X = OMe, OH) zeigen.[62] Der kürzeste Abstand zwischen den Methylgruppen des tmps-Liganden und des Ar^{Mes}-Substituenten im Niobgermylidinkomplex **37** beträgt, wie bei der Diskussion der Kristallstruktur angesprochen, im Festkörper nur zirka 250 pm. Im Cp*-Derivat des Germylidinkomplexes **10** liegt der kürzeste Abstand der Wasserstoffatome des Cp*-Liganden zu den Methylwasserstoffatomen der Mesitylringe bei zirka 316 pm.[73] Der höhere sterische Anspruch des tmps-Liganden im Vergleich zum Cp- beziehungsweise Cp*-Liganden könnte ein Grund für die verringerte Reaktivität des Niobgermylidinkomplexes sein. Ein Ziel zukünftiger Synthesen sollte es daher sein, den sterischen Anspruch des Substituenten am Tetrelatom zu verringern. In Reaktivitätsstudien von zum Beispiel Mes*-substituierten Niobgermylidinkomplexen (Mes* = C$_6$H$_2$-2,4,6-^{t}Bu$_3$) könnte dann gezeigt werden, ob sterische Effekte hierbei eine Rolle spielen oder ob die elektronische Natur der Nb≡Ge-Dreifachbindung selbst die Inertheit des Komplexes bedingt.

Ein Cyclovoltagramm des Germylidinkomplexes wurde in THF bei − 11 °C gemessen, um das elektrochemische Verhalten der Verbindung in Lösung zu untersuchen (s. Abbildung 2.27 auf der nächsten Seite). Neben zwei irreversiblen Redoxprozessen bei E_{pa} = 646 und E_{pk} = 434 mV beziehungsweise E_{pa} = −2592 und E_{pk} = −2648 mV gegenüber dem Redoxpaar [Cp*$_2$Fe]$^{+1/0}$ geht der Niobgermylidinkomplex **37** eine reversible[5] Einelektronenoxidation bei einem Halbstufen-

---

[5] Zur Beurteilung der Reversibilität des Redoxprozesses können drei Charakteristika der aus dem Cyclovoltagramm erhaltenen Größen herangezogen werden. Die Differenz aus anodischem Peakpotential E_{pa} und kathodischem Peakpotential E_{pk} war nahe dem Idealwert von 0,52 mV bei − 11 °C, das

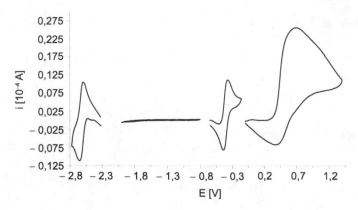

Abbildung 2.27: Cyclovoltagramme der gefundenen Redoxprozesse des Germylidinkomplexes **37** in THF bei − 11 °C (v = 100 $\frac{mV}{s}$;
Leitsalz: [Bu$_4$N][PF$_6$] (0,1 M); Referenzelektrode: [Cp*$_2$Fe]$^{+1/0}$
(0,004 M)/ [Bu$_4$N][PF$_6$] (0,1 M)/ THF).

potential von E$_{\frac{1}{2}}$ = − 405 mV gegenüber dem Redoxpaar [Cp*$_2$Fe]$^{+1/0}$
ein.

Es wurden Testreaktionen durchgeführt, um zu zeigen, dass es
sich bei dem reversiblen Prozess tatsächlich um eine Oxidation handelt. Hierzu wurde der Germylidinkomplex **37** in Fluorbenzol einmal
mit dem Einelektronenreduktionsmittel Cobaltocen und dem Einelek-
tronenoxidationsmittel Decamethylferrocenium umgesetzt (s. Schema 2.12 auf der nächsten Seite). Letzteres Reagenz wurde als Salz
des nicht-nucleophilen Arylborats [B(C$_6$H$_3$-3,5-(CF$_3$)$_2$)$_4$]$^-$ (**44**) eingesetzt. Der Versuch zur Reduktion des Germylidinkomplexes **37** mit
Cobaltocen ergab, dass gemessen an der *in situ* IR-spektroskopischen
Reaktionsverfolgung selbst nach Erhitzen der Lösung der beiden Re-
aktanden in Fluorbenzol keine Reaktion stattfand. Dagegen ließ sich
im Falle der Reaktion des Niobgermylidinkomplexes mit dem Deca-

---

Verhältnis der Peakströme I$_{pa}$ und I$_{pk}$ war nahe 1 bei jeder Scanrate und
der Quotient aus dem anodischen Peakstrom und der Wurzel der Scanrate
war unabhängig von der Scanrate.[74] Somit waren im Rahmen der Messge-
nauigkeit alle Kriterien erfüllt.

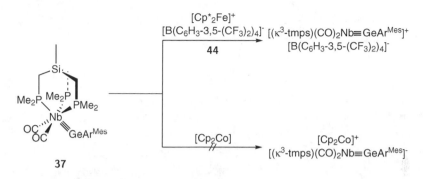

Schema 2.12: Versuche zum Redoxverhalten des Niobgermylidinkomplexes **37**
und erwartete Produkte.

methylferroceniumsalz **44** schon beim Zutropfen der Lösung des Oxi-
dationsmittels zur Lösung des Tetrelylidinkomplexes in Fluorbenzol
erkennen, dass die intensive grüne Farbe des Eisenkomplexes **44** augenblicklich verschwand. Es war außerdem ein allmähliches Aufhellen
der Lösung des Niobkomplexes **37** erkennbar. Es konnte durch Zugabe von *n*-Pentan ein braunes Öl vom Reaktionsmedium separiert werden und aus der überstehenden *n*-Pentanlösung konnte ein gelbes Pulver isoliert werden, bei dem es sich anhand des ^{1}H-NMR-Spektrums
in deuteriertem Benzol hauptsächlich um Decamethylferrocen (δ =
1,67 ppm) handelt. Das braune Öl konnte im Vakuum in einen braunen Schaum überführt werden, von welchem ein Festkörper-IR-, ein
Lösungs-IR-Spektrum in THF und ein ^{31}P$\{^1$H$\}$-NMR-Spektrum gemessen wurden.

Die gemessenen IR-Spektren der Substanz sind qualitativ gleich.
Beide zeigen im Carbonylbereich zwei intensive breite Absorptionsbanden mit Schultern, die in THF bei ν_{CO} = 1954 und 1889 cm^{-1}
erscheinen. Daneben lassen sich mehrere breite Schwingungsbanden
geringerer Intensität im Bereich von 2000 – 1700 cm^{-1} ausmachen.
Im ^{31}P$\{^1$H$\}$-NMR-Spektrum des Rohprodukts lassen sich mehrere
breite Signale erkennen, die im Vergleich zum entsprechenden Signal

des Germylidinkomplexes in deuteriertem Benzol signifikant zu hohem Feld hin verschoben sind.

Bei dem im Cyclovoltagramm des Germylidinkomplexes **37** beobachteten Einelektronenprozess bei einem Halbstufenpotential von $E_{\frac{1}{2}}$ $= -405$ mV gegenüber dem Redoxpaar $[Cp^*{}_2Fe]^{+1/0}$ handelt es sich anhand der experimentellen Beobachtungen um eine Oxidation. Das Redoxpaar $[Cp_2Co]^{+1/0}$ hat ein Standardpotential von $E^0 = -1{,}33$ V gegenüber Ferrocen und sollte geeignet sein, um den Germylidinkomplex quantitativ zum entsprechenden Radikalanion zu reduzieren, wenn man beim im Cyclovoltagramm beobachteten reversiblen Prozess von einer Reduktion des Germylidinkomplexes ausgeht.

Die Oxidation des Germylidinkomplexes verlief anhand der spektroskopischen Daten vollständig, da der Ausgangskomplex **37** weder im IR- noch im NMR-Spektrum nachgewiesen werden konnte und das Reaktionsprodukt Decamethylferrocen gebildet wurde. Das als primäres Oxidationsprodukt des Ylidinkomplexes **37** erwartete Radikalkation $[(\kappa^3\text{-tmps})(CO)_2Nb\equiv GeAr^{Mes}]^+$ sollte zwei intensive Carbonylvalenzschwingungen im IR-Spektrum zeigen, die aufgrund der verringerten Ladungsdichte am Zentralmetall verglichen mit dem Ausgangskomplex **37** deutlich zu höheren Wellenzahlen hin verschoben sein sollten. Als offenschalige Verbindung sollte das Radikalkation außerdem keine erkennbaren Signale im $^{31}P\{^1H\}$-NMR-Spektrum erzeugen. Obwohl die NMR-spektroskopischen Eigenschaften einer paramagnetischen Verbindung schwer vorherzusagen sind, wenn keine Informationen über den Abstand zwischen der Spindichte und den zu beobachtenden NMR-aktiven Kernen vorliegt, führen ungepaarte Elektronenspins in offenschaligen Systemen durch paramagnetische Linienverbreiterung[75] häufig zu nicht detektierbaren Signalen in NMR-Spektren.[76] Zwar lassen sich im IR-Spektrum des Rohprodukts intensive Banden im Carbonylbereich erkennen, die verglichen mit den Absorptionsbanden des neutralen Germylidinkomplexes **37** um zirka 90 cm^{-1} zu höheren Wellenzahlen hin verschoben sind, jedoch ist eine genaue Zuordnung aufgrund der Vielzahl der Banden im IR-Spektrum nicht möglich. Darüber hinaus deuten die ^{31}P{^{1}H}-NMR-spektroskopischen Daten darauf hin, dass mehrere diamagnetische Verbindungen bei der Reaktion gebildet wurden oder nach der Oxidation aus dem Radikalkation durch Zersetzung entstanden sind. Für den Fall, dass das Radikalkation des Germylidinkomplexes thermisch nicht stabil ist, müsste die Reaktionsführung dahingehend angepasst werden, dass das Produkt bei tiefen Temperaturen isoliert und charakterisiert wird.

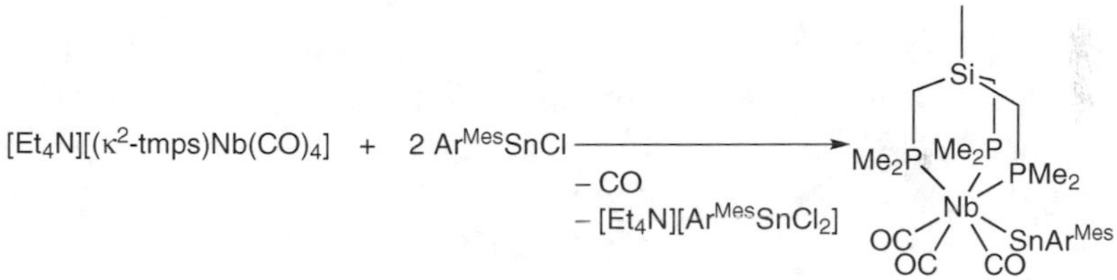

$$[Et_4N][(\kappa^2\text{-tmps})Nb(CO)_4] + 2\,Ar^{Mes}SnCl \xrightarrow[\substack{-CO \\ -[Et_4N][Ar^{Mes}SnCl_2]}]{} \mathbf{45}$$

$$\mathbf{32} \qquad\qquad \mathbf{14} \qquad\qquad\qquad \mathbf{45}$$

Schema 2.13: Synthese des Niobstannylenkomplexes **45**.

Ähnlich wie bei der Synthese des Germylidinkomplexes **37** wurden die Metallate **32** und **33** mit dem Chlorostannylen **14** umgesetzt, um zu untersuchen, ob sie als Vorläuferverbindungen für einen Niobstannylidinkomplex geeignet sind. Es kommt hierbei zunächst zur Bildung des Metallastannylens [(κ^3-tmps)(CO)$_3$Nb$-$SnAr^{Mes}] (**45**), wie es in Schema 2.13 dargestellt ist.

Wie schon bei der Synthese des Niobgermylidinkomplexes kann auch im ^{1}H-NMR-Spektrum des Rohprodukts dieser Reaktion ein weiteres Produkt beobachtet werden, welches Signale für die Protonen eines Terphenylsubstituenten aufweist und in Lösung C$_s$-Symmetrie zeigt. Das Produkt der Reaktion von Tetraethylammoniumchlorid mit Ar^{Mes}SnCl in THF zeigt die gleichen ^{1}H-NMR-Signale der Wasserstoffatome des Terphenylsubstituenten. Die Signale der Wasserstoffatome des Gegenions erscheinen im NMR-Spektrum des Rohprodukts jedoch etwas verschoben. Daraus lässt sich schließen, dass es auch bei der Synthese des Metallastannylens **45** durch Reaktion des Metathesesalzes [Et$_4$N]Cl mit Chlorostannylen **14** zur Bildung des entsprechenden Tetraethylammoniumstannats $[Et_4N][Sn(Ar^{Mes})Cl_2]$ (**46**) kommt, sofern die Reaktion mit zwei Äquivalenten des Stannylens in THF oder Toluol bei Raumtemperatur durchgeführt wird. Wird die Synthese des Niobstannylenkomplexes **45** jedoch in Toluol bei Raumtemperatur durchgeführt, fällt ein Großteil des Tetraethylammoniumstannats **46** aus der Lösung aus und kann durch Filtration und anschließendes Umkristallisieren aus THF/Diethylether entfernt werden.

Der Metallastannylenkomplex **45** konnte als rostrotes luftempfindliches Pulver in moderater Ausbeute isoliert werden. Rotbraune Lösungen der Verbindung verfärben sich an Luft innerhalb weniger Sekunden orange und es kommt zur Bildung eines farblosen Niederschlags. Verbindung **45** ist in aliphatischen Lösungsmitteln und Diethylether kaum, in aromatischen Kohlenwasserstoffen moderat und in THF gut löslich. Anhand der NMR- und IR-spektroskopischen Daten enthält die Verbindung neben anderen unbekannten Verunreinigungen noch hauptsächlich 45 mol% THF und 4 mol% einer Nebenkomponente, bei der es sich vermutlich um den Stannylidinkomplex $[(\kappa^3\text{-tmps})(CO)_2Nb{\equiv}SnAr^{Mes}]$ (**47**) handelt (siehe unten). Mehrfaches Umkristallisieren aus THF/Diethylether führte nicht zur quantitativen Abtrennung dieser Verunreinigungen.

Im Carbonylbereich des FT-IR-Spektrums des Niobstannylens **45** in Toluol lassen sich drei starke Absorptionsbanden bei $\nu_{CO} = 1887$, 1818 und 1795 cm^{-1} erkennen (vgl. Abbildung 2.28 auf der nächsten Seite). Das Bandenmuster ist vergleichbar mit den IR-Absorptionsbanden des siebenfach koordinierten Iodokomplexes **31** und ist konsistent mit der Formulierung von Verbindung **45** als Metallastannylen mit drei CO-Liganden. Die Schwingungsbande bei $\nu_{CO} = 1852$ cm^{-1} stammt vom Stannylidinkomplex **47**.

Das ^{1}H-NMR-Spektrum des Metallastannylens **45** in deuteriertem Benzol ist in Abbildung 2.29 auf der nächsten Seite gezeigt. Es lassen sich jeweils nur ein Signal für alle Methylenwasserstoffkerne und phosphorgebundenen Methylgruppen bei $\delta = 0{,}03$ respektive 1,09 ppm erkennen, welche durch die Kopplung zu drei magnetisch nicht äqui-

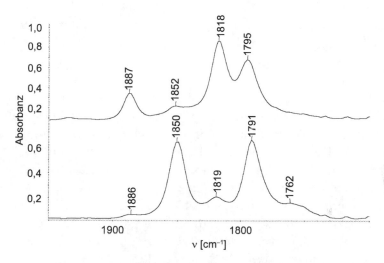

Abbildung 2.28: FT-IR-Spektrum des Niobstannylenkomplexes **45** in Toluol im
Bereich von 1950 – 1700 cm^{-1} (oben) und FT-IR-Spektrum der
selben Lösung nach Erhitzen (unten).

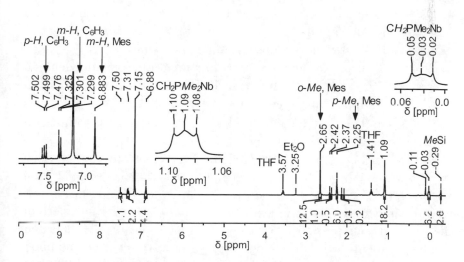

Abbildung 2.29: ^{1}H-NMR-Spektrum des Niobstannylenkomplexes **45** in C_6D_6.

valenten Phosphorkernen zu Multipletts höherer Ordnung aufgespalten sind. Daneben zeigen sich zwei Signale für die Methylprotonen des Ar^{Mes}-Substituenten mit einem Integralverhältnis von 1:2. Das ^{1}H-NMR-Spektrum zeigt, dass Verbindung **45** tmps-Liganden und Ar^{Mes}-Substituenten im Verhältnis 1:1 enthält, was die Formulierung des Komplexes wie in Schema 2.13 auf Seite 65 stützt. Obwohl der Komplex in dieser Formulierung C_s-symmetrisch sein sollte und die Signale der Protonen des tmps-Liganden damit wie im ^{1}H-NMR-Spektrum des Germylidinkomplexes **37** im Integralverhältnis von 1:1:1 auftreten sollten, deutet das hier vorliegende Spektrum auf eine höhere Symmetrie des Komplexes **45** in Lösung hin. Das lässt sich vermutlich darauf zurückführen, dass die Liganden im siebenfach koordinierten Niobkomplex einem schnellen Austausch auf der NMR-Zeitskala unterliegen. Wie bei Iodokomplex **31** beschrieben, zeigen auch andere siebenfach koordinierte Niobkomplexe dieses Verhalten in Lösung. Die anderen Signale im NMR-Spektrum stammen von den oben angesprochenen Verunreinigungen. Dass die Verbindung anhand des abgebildeten NMR-Spektrums noch THF und Diethylether enthält, obwohl das Kristallisat mit Petrolether 40/60 gewaschen und anschließend im Vakuum getrocknet wurde, deutet darauf hin, dass es zur Cokristallisation der Lösungsmittelmoleküle kam.

Die drei Phosphoratome des tmps-Liganden in Verbindung **45** erzeugen im ^{31}P{^{1}H}-NMR-Spektrum in C_6D_6 nur ein breites Signal bei $\delta = -18{,}6$ ppm mit einer Halbwertsbreite von $\nu_{\frac{1}{2}} = 151$ Hz, was ebenfalls ein Hinweis auf einen schnellen Austausch der Liganden innerhalb der Ligandenspähre des Zentralmetalls ist.

Es wurden Lösungen des Stannylenkomplexes **45** in zwei getrennten Experimenten auf 90 °C erhitzt und mit UV-Licht bestrahlt, um zu belegen, dass es sich bei der Verunreinigung im Metallastannylen um den Stannylidinkomplex **47** handelt. In beiden Fällen schlägt die Farbe der ursprünglich rostroten Lösungen nach tief violett um. Die Experimente wurden IR-spektroskopisch verfolgt. Der Carbonylbereich des IR-Spektrums der Toluollösung von Verbindung **45** nach einstündigem Erhitzen ist in Abbildung 2.28 auf der vorherigen Seite

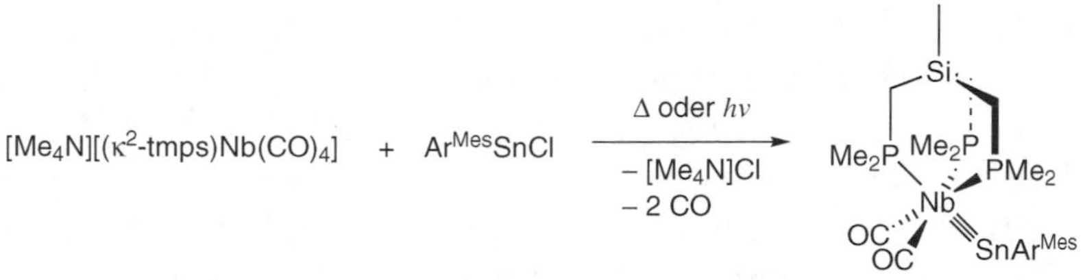

$$[Me_4N][(\kappa^2\text{-tmps})Nb(CO)_4] + Ar^{Mes}SnCl \xrightarrow[\substack{- [Me_4N]Cl \\ - 2\,CO}]{\Delta \text{ oder } h\nu}$$

33 **14** **47**

Schema 2.14: Synthese des Niobstannylidinkomplexes **47**.

(unten) abgebildet. Es lässt sich deutlich erkennen, dass die Absorptionsbande bei $\nu_{CO} = 1852$ respektive 1850 cm^{-1} im unteren Spektrum stark an Intensität zunimmt, während die IR-Absoprtionsbanden des Metallastannylens bei $\nu_{CO} = 1887$ und 1818 cm^{-1} an Intensität abnehmen. Die Bande bei $\nu_{CO} = 1795$ cm^{-1} im Spektrum des Stannylens nimmt etwas an Intensität zu und verschiebt sich leicht zu tieferen Wellenzahlen. Weiteres Erhitzen führte jedoch nicht zu einem Verschwinden der IR-Banden des Metallastannylens. Es lässt sich außerdem das Erscheinen einer weiteren Absorptionsbande bei $\nu_{CO} = 1762$ cm^{-1} beobachten, deren Herkunft noch unbekannt ist. Offenbar bildet sich unter Verbrauch des Stannylenkomplexes eine neue Verbindung, welche im Carbonylbereich des IR-Spektrums durch ein Bandenmuster charakterisiert werden kann, das auf eine cis-Dicarbonylstruktur hindeutet. Dieser Befund deutet darauf hin, dass der Stannylenkomplex durch Erhitzen in Lösung einen CO-Liganden unter Bildung des Stannylidinkomplexes **47** abspaltet (s. Schema 2.14).

Das IR-Spektrum einer THF-Lösung des Metallastannylens nach einstündiger Bestrahlung war qualitativ mit dem abgebildeten Spektrum nach Erhitzen der Toluollösung gleich, die relativen Intensitäten der Absorptionsbanden der beiden Verbindungen waren jedoch verschieden. Die CO-Eliminierung aus dem Stannylenkomplex kann somit auch auf photochemischem Wege eingeleitet werden, verläuft jedoch unter den gewählten Photolysebedingungen langsamer. Der Stannylidinkomplex **47** konnte außerdem direkt durch Umsetzung des Chlorostannylens **14** mit dem Niobmetallat **33** dargestellt werden. Nach beendeter Salzmetathesereaktion, welche IR-spektroskopisch verfolgt wurde, wurde das Reaktionsgemisch dazu auf Rückfluss erhitzt, ohne den Stannylenkomplex **45** zu isolieren. Die *in situ* IR-spektroskopischen Befunde dieser Reaktion sind identisch mit denen, welche beim Erhitzen des isolierten Stannylenkomplexes **45** in Toluol gesammelt wurden. Ein ^{1}H-NMR-Spektrum des Rohprodukts nach dem Entfernen aller flüchtigen Bestandteile im Ölpumpenvakuum zeigt, dass das Hauptprodukt der Reaktion der Stannylidinkomplex ist. Daneben enthält das Rohprodukt noch zirka 30 mol% der Verbindung Ar^{Mes}H, zirka 6 mol% des freien tmps-Liganden sowie 7 mol% des Stannylenkomplexes **45**. Nach Extraktion des Rohprodukts verblieb ein grauer, unlöslicher Rückstand, bei dem es sich um elementares Zinn handeln könnte. Das Auftreten von Ar^{Mes}H, freiem Liganden und elementarem Zinn im Rohprodukt deuten auf eine partielle Zersetzung während der Reaktion hin.

Die Synthese konnte aus Zeitmangel bisher nur einmal durchgeführt werden und es wurden nur wenige Milligramm des Stannylidinkomplexes isoliert, die anhand der NMR-Daten trotz Umkristallisation aus Toluol und Waschen mit *n*-Pentan neben 8 mol% des Stannylenkomplexes noch 16 mol% der Verbindung Ar^{Mes}H enthielten. Der Stannylidinkomplex **47** zeigt sich als violetter, luftempfindlicher Feststoff, der in aliphatischen Lösungsmitteln kaum, in aromatischen Lösungsmitteln moderat und in THF gut löslich ist. Seine intensiv violett gefärbten Lösungen färben sich an Luft innerhalb von wenigen Sekunden blass orange. Unter Lichteinwirkung färben sich die Lösungen des Stannylidinkomplexes allmählich braun und es bildet sich ein braungrauer, unlöslicher Feststoff. Eine Lösung der Verbindung in THF-d_8 wurde zunächst im Abstand von mehreren Stunden zwei mal ^{1}H-NMR-spektroskopisch untersucht, wobei die Probe unter Lichtausschluss gehalten wurde. Anschließend wurde sie mehrere Stunden an Licht gelagert und ein drittes ^{1}H-NMR-Spektrum wurde gemessen. Während die ersten beiden Spektren identisch waren, zeigte das dritte Spektrum einen Intensitätsanstieg der Signale der

Verbindung $Ar^{Mes}H$ von 18 auf 30 %. Da die Verbindung anhand der ersten beiden gemessenen Spektren unter Lichtausschluss in Lösung stabil ist, ist der signifikante Anstieg des Zersetzungsprodukts in der Probe ein weiterer Hinweis darauf, dass die Verbindung lichtempfindlich ist. Da diese Eigenschaft des Stannylidinkomplexes während der durchgeführten Synthese nicht bekannt war, wurde hierbei nicht auf den Ausschluss von Lichtquellen geachtet, was den hohen Anteil des Zersetzungsprodukts $Ar^{Mes}H$ in der Verbindung erklären würde. Obwohl die Verbindung spektroskopisch nicht rein erhalten wurde, konnte sie IR- und NMR-spektroskopisch charakterisiert werden. Die Zuordnung der Signale erfolgte auf Basis von Korrelationsspektren, jedoch sind die Ergebnisse vorläufig, solange keine analysenreine Probe der Substanz erhalten und erneut spektroskopisch charakterisiert werden kann.

Wie in Abbildung 2.28 auf Seite 67 (unten) zu erkennen, zeigen sich im Carbonylbereich des IR-Spektrums der Verbindung zwei intensive Banden fast gleicher Intensität. Sie sind verglichen mit den CO-Banden des analogen Germylidinkomplexes **37** im Mittel um 16 cm^{-1} zu tieferen Wellenzahlen hin verschoben. Diese Verschiebung der Absorptionsbanden lässt auf ein etwas höheres σ-Donor/π-Akzeptor-Verhältnis des Stannylidinliganden im Vergleich zum Germylidinliganden schließen. Die Bereitschaft der Tetrele zur Ausbildung von Mehrfachbindungen unter Beteiligung von p-Orbitalen nimmt mit steigender Ordnungszahl ab.[24] Die daraus resultierende schwächere π-Rückbindung in Stannylidinkomplexen führt zu einer höheren Elektronendichte am Zentralmetall verglichen mit analogen Germylidinkomplexen.

Die NMR-spektroskopischen Daten des Stannylidinkomplexes **47** sind vergleichbar mit den Daten der verwandten Germaniumverbindung **37**. Im ^{1}H-NMR-Spektrum des Stannylidinkomplexes in THF-d_8 zeigen sich ebenfalls zwei scharfe Signale für die Methylprotonen des Ar^{Mes}-Substituenten bei $\delta = 2{,}09$ und 2,27 ppm im Integralverhältnis von 2:1 sowie drei breite Signale für die phosphorgebundenen Methylprotonen des tmps-Liganden bei $\delta = 1{,}15$ beziehungsweise 1,38 ppm

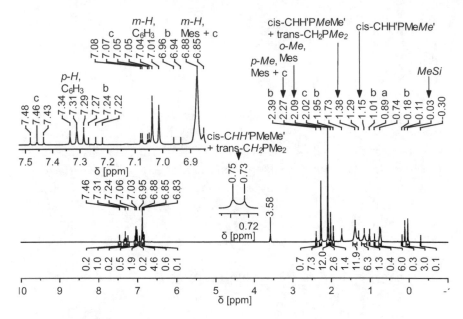

Abbildung 2.30: ^{1}H-NMR-Spektrum des Niobstannylidinkomplexes **47** in THF-d_8.

(s. Abbildung 2.30). In der zuletzt genannten Resonanz fallen die Signale der zum Stannylidinliganden *trans*-ständigen PMe$_2$-Gruppe und einer der beiden diastereotopen Sätze der *cis*-ständigen PMeMe'-Gruppen zufällig zusammen. Das in Abbildung 2.30 mit „a" markierte Signal kommt von *n*-Pentan. Alle Signale, die mit einem „b" versehen sind, stammen vermutlich vom Stannylenkomplex **45**. Die Signale, die mit dem Buchstaben „c" gekennzeichnet sind, konnten durch ^{1}H-^{13}C-NMR-Korrelationsspektren und die typischen Kopplungskonstanten der aromatischen Wasserstoffatome der Verbindung Ar^{Mes}H zugeordnet werden.[6]

---

[6] Die Kopplungskonstanten der aromatischen Wasserstoffatome des C$_6$H$_3$-Rings betragen $^3J_{p\text{-}H,m\text{-}H} = 7{,}6$ Hz, $^4J_{m\text{-}H,i\text{-}H} = 1{,}7$ Hz und $^5J_{p\text{-}H,i\text{-}H} = 0{,}6$ Hz, wobei *i*-H das Wasserstoffatom in *ortho*-Position zu beiden substituierten Ringpositionen bezeichnet.

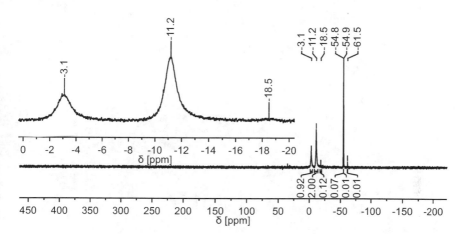

Abbildung 2.31: ^{31}P{^{1}H}-NMR-Spektrum des Niobstannylidinkomplexes **47** in THF-d_8.

Das ^{31}P{^{1}H}-NMR-Spektrum der Verbindung in THF-d_8 (s. Abbildung 2.31) zeigt im Gegensatz zum entsprechenden Spektrum des Germylidinkomplexes **37** zwei getrennte Signale bei $\delta = -$ 11,2 und $-$ 3,1 ppm bei Raumtemperatur. Die Signale treten im Integralverhältnis von 2:1 auf und sind vermutlich, wie im Falle der analogen Germaniumverbindung **37**, aufgrund der Quadrupolrelaxation des ^{93}Nb-Kerns stark verbreitert. $^{117/119}$Sn-Satelliten wurden nicht detektiert. Die drei scharfen hochfeldverschobenen Signale im Spektrum stammen vermutlich von Produkten der photolytischen Zersetzung des Stannylidinkomplexes. Das Signal bei $\delta = -$ 18,5 ppm ist ebenfalls verbreitert und gehört wahrscheinlich zum Komplex **45**.

Ein ^{119}Sn-NMR-Spektrum der Verbindung wurde aufgrund der geringen Konzentration der Probe nicht gemessen. Die spektroskopischen Daten und insbesondere die gute Übereinstimmung mit den NMR-Daten des analogen Germylidinkomplexes **37** sprechen für die Formulierung des Komplexes, wie sie in Schema 2.14 auf Seite 69 abgebildet ist.

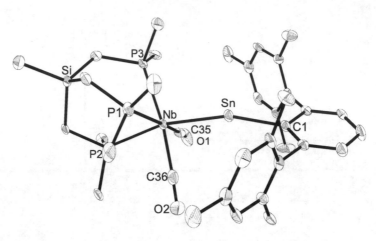

Abbildung 2.32: Diamond-Darstellung der Molekülstruktur des Stannylidinkomplexes **47** im Festkörper. Thermische Ellipsoide entsprechen einer Aufenthaltswahrscheinlichkeit von 50 % bei 100 K. Wasserstoffatome sind zur besseren Übersicht nicht abgebildet. Wichtige Bindungslängen [pm] und -winkel [°]: Nb-Sn = 253,2(1);
Nb-P1 = 260,6(4); Nb-P2 = 255,1(3); Nb-P3 = 258,6(4); Nb-C35
= 205(1); Nb-C36 = 207(2); Ge-C1 = 214(1); C35-O1 = 116(2);
C36-O2 = 154(2); Nb-Ge-C1 = 160,9(3); C35-Nb-C36 = 90,9(5).

Durch Diffusion von n-Hexan in eine gesättigte Toluollösung des
Stannylidinkomplexes **47** konnten dunkelviolette Einkristalle der Verbindung erhalten werden, die für eine Röntgenstrukturanalyse geeignet waren. Die Verbindung kristallisiert in der monoklinen Raumgruppe $P2_1$ mit zwei Einheiten pro Elementarzelle. Es kam zur Cokristallisation von einem Äquivalent Toluol. Die Molekülstruktur im Festkörper ist in Abbildung 2.32 dargestellt. Die Liganden formen um das
Niobatom einen verzerrt oktaedrischen Koordinationspolyeder, wobei
die Bindungswinkel zwischen dem Zinn-, Niob- und den cis-ständigen
Phosphoratomen um 12,47(9)° beziehungsweise 14,44(8)° weiter sind,
als im idealen Oktaeder. Dagegen sind die Sn-Nb-C35 und Sn-Nb-C36-
Bindungswinkel nur 4,0(4)° und 6,3(4)° spitzer als der rechte Winkel. Der tmps-Ligand weist wieder die schon bei der Molekülstruktur des Germylidinkomplexes **37** beschriebene Verdrehung entlang

der gedachten Nb-Si-Bindungsachse auf, die durch den Diederwinklel Si-C-P-Nb von 26,7(9)° (Mittelwert der drei Diederwinkel) beschrieben werden kann. Die Strukturen der $\{(\kappa^3\text{-tmps})(CO)_2Nb\}$-Fragmente in den Tetrelylidinkomplexen **37** und **47** sind insgesamt innerhalb der Fehlergrenzen fast deckungsgleich. Der Bindungsabstand zwischen dem Niob- und Zinnatom von 253,3(1) pm liegt zwischen den aus den Kovalenzradien berechneten Bindungslängen für eine Nb-Sn-Doppel- (255 pm) und Dreifachbindung (248 pm).[77] Er ist jedoch 29,2(2) pm kürzer als in dem von Pasynskii *et al.* isolierten Stannylkomplex [Cp$_2$(CO)Nb$-$SnPh$_3$] (**41**)[68] und knapp 52 pm kürzer als die Summe der Atomradien der beiden Elemente (vgl. Tabelle 2.1 auf Seite 56).[66] Die Aufweitung des Nb-E-Bindungsabstands (E = Ge, Sn) um 17,4(1) pm im Vergleich zwischen dem Niobgermylidinkomplex **37** und der analogen Zinnverbindung **47** deckt sich mit der Differenz der Kovalenzradien beider Elemente von 18 pm.[78] Der Bindungswinkel um das Zinnatom beträgt 160,9(3)° und ist somit weiter von einer linearen Anordnung der Atome Niob, Zinn und C1 entfernt als der entsprechende Winkel im analogen Germylidinkomplex **37** (164,0(1)°). Ein sterischer Grund für die beobachtete Abwinkelung am Tetrelatom, wie er an obiger Stelle diskutiert wurde, erscheint daher unwahrscheinlich, da der Abstand zwischen dem *m*-Terphenylsubstituenten am Tetrelatom und den Methylgruppen des tmps-Liganden im Stannylidinkomplex größer ist als in der Germaniumverbindung. Der Winkel sollte daher in der Zinnverbindung näher bei 180° liegen, sofern für die Abwinkelung rein sterische Effekte verantwortlich sind. Die Beteiligung einer zwitterionischen Grenzstruktur mit einem freien Elektronenpaar am Tetrelatom könnte aus elektronischer Sicht für die nichtlineare Anordnung der Atome um das Tetrelatom verantwortlich sein. Quantenchemische Untersuchungen könnten dieses Thema in Zukunft näher betrachten.

3 Zusammenfassung und Ausblick

Seit der Synthese des ersten Germylidinkomplexes [Cp(CO)$_2$Mo≡-GeAr^{Mes}] (**10**) von Power und Mitarbeitern vor 18 Jahren[20] wird die Substanzklasse der Tetrelylidinkomplexe, welche eine Dreifachbindung zwischen einem Übergangsmetall und einem schweren Homologen des Kohlenstoffs enthalten, stetig erweitert. Neben der Variation der Ligandensphäre um das Zentralmetall und des Substituenten am Tetrelatom birgt auch der Wechsel des Zentralmetalls selbst die Möglichkeit, neue Tetrelylidinkomplexe darzustellen und ihre Reaktivität zu studieren. So wurden in den vergangenen Jahren solche Komplexe für eine Vielzahl von Übergangsmetallen synthetisch erschlossen, darunter Germylidinkomplexe des Titans,[31] Rheniums,[34] Eisens[35] und Nickels.[37] Obwohl ein Tantalgermylidinkomplex bereits dargestellt werden konnte,[32] sind für die beiden anderen Metalle der fünften Gruppe des Periodensystems, Vanadium und Niob, keine schweren Homologen der Carbinkomplexe bekannt. Ziel der vorliegenden Arbeit war es daher, mögliche Vorläuferverbindungen für den Aufbau von Tetrelylidinkomplexen zu synthetisieren und ihre Reaktivität gegenüber geeigneten Tetrel(II)-precursoren zu erforschen.

Es konnte gezeigt werden, dass die Komplexsalze [Et$_4$N][Nb(CO)$_6$] **23**) und [Me$_4$N][Nb(CO)$_6$] (**24**), welche durch reduktive Carbonylierung mittels Natriumnaphthalenid aus Niobpentachlorid dargestellt wurden,[43] unter Bestrahlung mit dem tripodalen Phosphanliganden MeSi(CH$_2$PMe$_2$)$_3$ (tmps, **26**) zu den diphosphansubstituierten Carbonylniobaten [R$_4$N][(κ^2-tmps)Nb(CO)$_4$] (**32**: R = Et; **33**: R = Me) reagieren. Obwohl ähnliche Niobatkomplexe durch Photolyse der homoleptischen Carbonylniobate mit UV-Licht in der Anwesenheit von anderen Phosphanliganden wie dppe (dppe = 1,2-Bis(diphenylphosphino)ethan) oder triphos (Tris(diphenylphosphinoethyl)phosphan) schon literaturbekannt sind,[57] wurden die Ausbeuten in den hier beschriebenen Synthesen durch besonders milde Photolysebedingungen mit Blaulicht-OLEDs auf ein nahezu quantitatives Maß gesteigert und die Verbindungen konnten spektroskopisch vollständig charakterisiert werden.

Ein Transfer dieser Photolysebedingungen zur Darstellung eines tmps-substituierten Vanadiummetallats gelang nur bedingt. Zwar bildet sich bei der Bestrahlung einer Lösung aus $[Et_4N][VCO_6]$ (**25**) und dem Liganden **26** anhand der spektroskopischen Daten der Komplex $[Et_4N][(\kappa^3\text{-tmps})V(CO)_3]$ (**34**), die Reaktion verläuft jedoch um ein Vielfaches langsamer und nicht vollständig, was vermutlich auf die noch nicht optimierte Wellenlänge des Photolyselichts zurückzuführen ist. Das phosphansubstituierte Vanadat **34** enthielt anhand der IR-spektroskopischen Daten noch den intermediär während der Photolyse gebildeten Komplex $[Et_4N][(\kappa^2\text{-tmps})V(CO)_4]$ und die beiden Substanzen konnten nicht erfolgreich getrennt werden. Zukünftige Experimente mit anderen Lichtquellen müssen zeigen, ob die schonende Photolyse mit LEDs anderer Wellenlänge auch auf Vanadium übertragbar ist oder ob auf eine Quecksilberdampflampe zurückgegriffen werden muss.

Die tmps-haltigen Niobatkomplexe **32** und **33** konnten erfolgreich mit dem m-terphenylsubstituierten Chlorogermylen $Ar^{Mes}GeCl$ **12** umgesetzt und zur Synthese des meines Wissens nach ersten Niobgermylidinkomplexes $[(\kappa^3\text{-tmps})(CO)_2Nb\equiv GeAr^{Mes}]$ (**37**) genutzt werden. Es ist hervorzuheben, dass hierbei nicht nur die Ge≡Nb-Dreifachbindung geknüpft wird, sondern auch der ehemals freie Phosphanarm des tmps-Liganden unter CO-Eliminierung an das Zentralmetall koordiniert. Der Niobgermylidinkomplex **37** wurde in moderater Ausbeute von 53 % analysenrein erhalten und wurde vollständig spektroskopisch charakterisiert. Die Signale der Phosphoratome, der phosphorgebundenen Methyl- und Methylenkohlenstoffatome sowie deren Wasserstoffatome weisen in den entsprechenden NMR-Spektren des Germylidinkomplexes eine temperaturabhängige Linienverbreiterung auf. Es konnte jedoch nicht abschließend geklärt werden, ob ein dynamischer Prozess hierfür verantwortlich ist oder ob die Temperaturabhängigkeit der Quadrupolrelaxation des ^{93}Nb-Kerns zur Signalverbreiterung führt. Weitere NMR-Experimente bei höherer Messtemperatur sollten diese Frage in Zukunft beantworten können. Durch Röntgendiffraktometrie am Einkristall wurde außerdem die Molekülstruktur im Festkörper aufgeklärt und diskutiert. Der Nb-Ge-Abstand misst nur 235,79(4) pm und ist damit der bisher kürzeste bekannte Abstand beider Atome in einem Molekül. Testversuche zur Reaktivität des Germylidinkomplexes **37** zeigten, dass die Verbindung erstaunlich inert ist. Während andere Germylidinkomplexe wie zum Beispiel [Cp(CO)$_2$Mo≡GeAr^{Mes}] bereitwillig mit Methanol oder Wasser unter Bildung der Additionsprodukte (im Falle des Beispielkomplexes [Cp(CO)$_2$(H)Mo=Ge(X)Ar^{Mes}] (X = OMe, OH)[62] reagieren, zeigt der hier beschriebene Niobgermylidinkomplex gegenüber Methanol nur eine geringe Reaktivität. Selbst mit Wasser reagiert der Komplex **37** erst dann, wenn ein Überschuss Wasser verwendet wird und das Reaktionsgemisch erhitzt wird. Anhand der spektroskopischen Daten bildet sich dabei vermutlich das Hydridogermadiol Ar^{Mes}GeH(OH)$_2$, welches in Zukunft gezielt hergestellt werden soll, um durch einen Vergleich der spektroskopischen Daten seine Bildung in der Hydrolysereaktion zweifelsfrei zu bestätigen. Die beobachtete Reaktionsträgheit könnte Folge des erhöhten sterischen Anspruchs des tmps-Liganden verglichen mit einem Cp- oder Cp*-Liganden sein oder Resultat des Zentralmetallwechsels. Es wäre interessant, die Reaktivität des hier vorgestellten Niobgermylidinkomplexes **37** mit der anderer Niobgermylidinkomplexe zu vergleichen, die am Tetrelatom einen kleineren Substituenten tragen. Hierbei würde sich zeigen, ob der sterische Anspruch wirklich für die Reaktionsträgheit verantwortlich ist. Außerdem sollte die Reaktivität des schon dargestellten Niobgermylidinkomplexes mit weiteren Substraten wie HX (X = Halogen) oder Alkinen untersucht werden.

Die Redoxeigenschaften des Niobgermylidinkomplexes **37** in Lösung wurden durch Messung eines Cyclovoltagramms und durch Testreaktionen studiert. Der Komplex zeigt in THF bei − 11 °C eine reversible Einelektronenoxidation bei einem Halbstufenpotential von − 405 mV gegenüber dem Redoxpaar [Cp*$_2$Fe]$^{+1/0}$. Diese Oxidation

wurde präparativ durch Umsetzen des Germylidinkomplexes mit dem
Ferroceniumsalz $[Cp^*_2Fe][B(C_6H_3-3,5-(CF_3)_2)_4]$ (**44**) durchgeführt.
Obwohl der erwartete offenschalige 17-Valenzelektronenkomplex
$[(\kappa^3\text{-tmps})(CO)_2Nb\equiv GeAr^{Mes}][B(C_6H_3-3,5-(CF_3)_2)_4]$ nicht direkt
spektroskopisch nachgewiesen werden konnte, lässt der vollständige
Umsatz des Germylidinkomplexes unter Bildung von Decamethylferrocen, welches durch sein ^{1}H-NMR-Spektrum identifiziert wurde, ver-
muten, dass es unter angepassten Reaktionsbedingungen möglich sein
könnte, den offenschaligen Niobgermylidinkomplex zu isolieren.

Durch die Reaktion zwischen den Tetraalkylammoniumniobaten
32 und **33** und dem Chlorostannylen $Ar^{Mes}SnCl$ (**14**) konnte der
Metallostannylenkomplex $[(\kappa^3\text{-tmps})(CO)_3Nb-SnAr^{Mes}]$ (**45**) dargestellt werden. Die Verbindung konnte nicht spektroskopisch rein erhalten werden, doch es wurde gezeigt, dass der Niobstannylidinkom-
plex $[(\kappa^3\text{-tmps})(CO)_2Nb\equiv SnAr^{Mes}]$ (**47**) eine der enthaltenen Verunreinigungen ist. Er bildet sich vermutlich durch langsame Decarbonylierung des Stannylenkomplexes **45** in Lösung. Die Decarbonylierung konnte thermisch und photochemisch beschleunigt werden.
Aufgrund seiner Lichtempfindlichkeit konnte jedoch auch der Stannylidinkomplex noch nicht spektroskopisch rein isoliert werden. Obwohl
eine vollständige spektroskopische Charakterisierung beider Substanzen noch aussteht, wurden Einkristalle des Stannylidinkomplexes **47**,
welche für eine röntgendiffraktometrische Bestimmung der Molekülstruktur geeignet waren, erhalten. Die hervorstechendsten Merkmale
der Struktur im Festkörper sind die kurze Nb-Sn-Bindungslänge von
253,2(1) pm und die fast lineare Geometrie am Tetrelatom mit einem
Nb-Sn-C_{Ar}-Bindungswinkel von 160,9(3)°.

Ein Überblick über die Syntheseroute für die Darstellung des Germylidinkomplexes **37** und der analogen Zinnverbindung **47** ist in Schema 3.1 auf der nächsten Seite abgebildet.

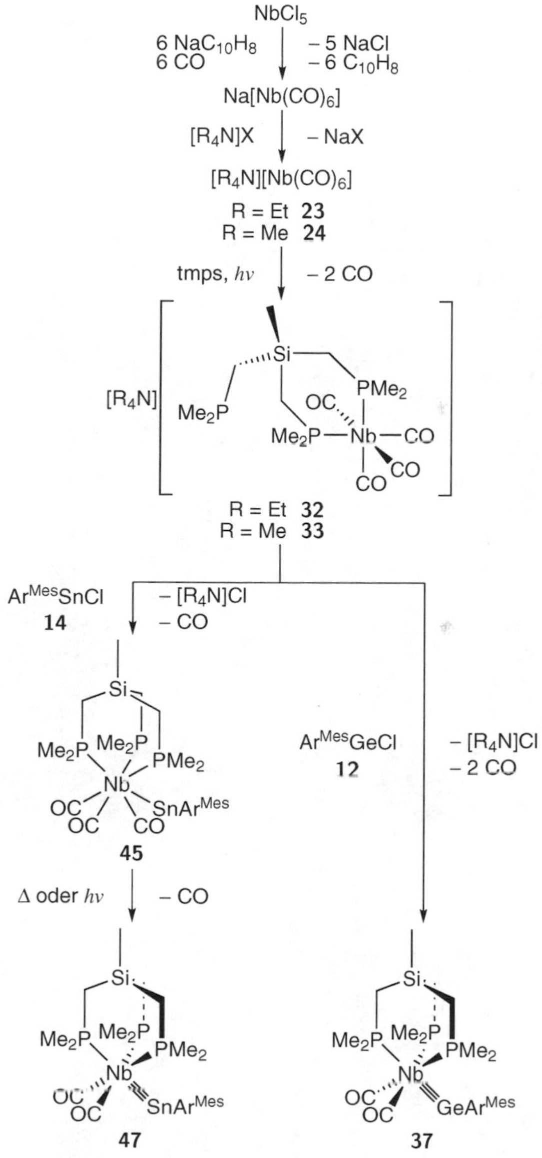

NbCl$_5$

6 NaC$_{10}$H$_8$ − 5 NaCl
6 CO   − 6 C$_{10}$H$_8$

Na[Nb(CO)$_6$]

[R$_4$N]X   − NaX

[R$_4$N][Nb(CO)$_6$]
R = Et **23**
R = Me **24**

tmps, *hv*   − 2 CO

[R$_4$N]
Me$_2$P   Si   PMe$_2$
OC
Me$_2$P—Nb—CO
CO CO

R = Et **32**
R = Me **33**

Ar^{Mes}SnCl
14   − [R$_4$N]Cl
    − CO

Si
Me$_2$P Me$_2$P PMe$_2$
OC Nb SnAr^{Mes}
OC CO
45

Ar^{Mes}GeCl
12   − [R$_4$N]Cl
    − 2 CO

Δ oder *hv*   − CO

Si
Me$_2$P Me$_2$P PMe$_2$
OC Nb≡SnAr^{Mes}
OC
47

Si
Me$_2$P Me$_2$P PMe$_2$
OC Nb≡GeAr^{Mes}
OC
37

Schema 3.1: Überblick über die Synthese des Niobgermylidinkomplexes **37** und des Niobstannylidinkomplexes **47**.

4 Experimenteller Teil

4.1 Allgemeines

Die allgemeinen Versuchsbedingungen und die verwendeten Geräte zur Aufname der experimentellen Daten können der Dissertation von Dr. Kai W. Stumpf entnommen werden.[79] Abweichend davon war Folgendes:

- Wasser wurde vor der Verwendung von Sauerstoff befreit, indem eine Stunde lang unter Rühren Argon hindurchgeleitet wurde.

- IR-Spektren von Lösungen wurden in einer IR-Küvette mit Natriumchloridfenster an einem Nicolet 380 oder einem Bruker Vector 22 FT-IR-Spektrometer gemessen.

- Cyclovoltammetrische Untersuchungen wurden bei sonst gleichen Bedingungen unter Verwendung derselben Geräte außerhalb der Glovebox unter Schutzgasatmosphäre durchgeführt.

- Schmelz- und Zersetzungstemperaturen von Substanzen wurden an einem Büchi Melting Point M-560 bestimmt. Die Temperaturkorrektur erfolgte geräteintern durch Kalibrierung des Thermostats auf die Schmelzpunkte vierer Referenzsubstanzen (4-Nitrotoluol, Diphenylessigsäure, Koffein, Kaliumnitrat).

- ^{1}H- und ^{13}C{^{1}H}-NMR-Spektren in THF-d_8, die nicht bei Raumtemperatur gemessen wurden, wurden wie entsprechende NMR-Spektren bei Raumtemperatur gegen das Protonenrest- beziehungsweise ^{13}C-NMR-Signal des deuterierten Lösungsmittels relativ zu Tetramethylsilan kalibriert, wobei die entsprechenden Werte bei Raumtemperatur ($\delta_{^1H} = 3{,}58$ ppm und $\delta_{^{13}C} = 67{,}4$ ppm) verwendet wurden. Die ^{31}P{^{1}H}-NMR-Spektren bei variabler Messtemperatur wurden ebenfalls mit den Parametern kalibriert, wie sie aus der Kalibrierungsmessung gegen den externen Standard H_3PO_4 (85 % in Wasser) für das entsprechende Lösungsmittel bei Raumtemperatur erhalten wurden. Die angegebenen Messtemperaturen wurden direkt vom Spektrometer ausgegeben und unterlagen keiner Temperaturkorrektur.

Tabelle 4.1: Liste der Chemikalien, die nach literaturbekannten Verfahren hergestellt wurden. Mit einem * versehene Einträge wurden nach einer modifizierten internen Arbeitsgruppenvorschrift synthetisiert. Die Substanzen wurden in guter Ausbeute erhalten und ihre Reinheit NMR-spektroskopisch bestätigt.

Substanzname	Quelle
$Ar^{Mes}Li$	[80]*
$Ar^{Mes}{}_2Ge$	[81]*
$Ar^{Mes}GeCl$	[81]*
$Ar^{Mes}SnCl$	[81]*
$LiCH_2PMe_2$	[51]
tmps (**26**)	[39,41]

Tabelle 4.2: Quellen nicht selbst hergestellter Chemikalien. Mit einem * versehene
Einträge wurden nach einer leicht modifizierten internen Arbeitsgruppenvorschrift synthetisiert.

Substanzname	Bezugsquelle/Hersteller	Reinigung
$GeCl_2 \cdot 1,4$-Dioxan	C. Lindlahr[82]*	–
$Ar^{Mes}I$	D. Kühlmorgen[83]*	–
n-BuLi	Chemetall, Lösung 23 % in n-Hexan	–
$tert.$-BuLi	ARCOS, Lösung 1,6 M in n-Pentan	–
$[Cp^*_2Fe]$-$[B(C_6H_3$-3,5-$(CF_3)_2)_4]$	M. Arz[84]*	–
Cobaltocen	Aldrich	–
$NbCl_5$	Arbeitsgruppe Prof. Beck	Vakuumsublimation bei 110 °C
Na-Sand	K. W. Stumpf	–
Naphthalin	ARCOS	Vakuumsublimation bei 80 °C
PMe_3	L. Arizpe[85]*	–
$MeSiCl_3$	ABCR, 97 %	Neutralisation über Natriumcarbonat und Umkondensation
Iod	Grüssing, 99,5 %	–
$[Et_4N]I$	Fluka	–
$[Et_4N]Cl$	Aldrich, 98 %	Umkristallisation aus Acetonitril
$[Me_4N]Br$	Fluka, 99 %	–
$VCl_3(THF)_3$	A. C. Filippou	–

4.2 Synthesen und analytische Daten

4.2.1 Synthese von [Et$_4$N][Nb(CO)$_6$] (23)

$$\text{NbCl}_5 \quad + \quad 6\,\text{NaC}_{10}\text{H}_8 \quad \xrightarrow[\substack{-\,5\,\text{NaCl} \\ -\,6\,\text{C}_{10}\text{H}_8}]{\substack{1{,}5\,\text{bar CO, DME,} \\ -\,60\,°\text{C - RT, 38 h}}} \quad \text{Na[Nb(CO)}_6]$$

Cl$_5$Nb	C$_{10}$H$_8$Na
M = 270,17 g/mol	M = 151,16 g/mol
m = 5,02 g	
n = 18,58 mmol	n = 111,53 mmol

$$\text{Na[Nb(CO)}_6] \quad + \quad [\text{Et}_4\text{N}]\text{I} \quad \xrightarrow[-\,\text{NaI}]{\text{H}_2\text{O, RT, 5 Min.}} \quad [\text{Et}_4\text{N}][\text{Nb(CO)}_6]$$

23

C$_8$H$_{20}$NI	C$_{14}$H$_{20}$NNbO$_6$
M = 257,17 g/mol	M = 391,22 g/mol
m = 7,27 g	n = 18,58 mmol
n = 28,27 mmol	m = 7,27g

5,02 g (18,58 mmol) gelbes, sublimiertes NbCl$_5$ wurden in zirka 10 mL Petrolether 40/60 suspendiert und die gelbe Suspension via Transferkanüle langsam zu gerührtem, auf $-$ 60 °C gekühltem DME getropft. Der Vorgang wurde vier Mal wiederholt, bis das Niobpentachlorid fast vollständig transferiert war. Der verbliebene Rückstand wurde anschließend in $-$ 60 °C kaltem DME gelöst und die orangefarbenen Lösungen wurden vereinigt. Eine tiefgrüne Natriumnaphthalenidlösung in 120 mL DME wurde durch Suspendieren von 2,56 g Natriumsand (111,53 mmol, 6,0 Äq.) und 14,24 g sublimiertem, farblosem Naphthalin (111,09 mmol, 6,0 Äq.) in der entsprechenden Menge DME und anschließendes Rühren bei Raumtemperatur für 14 Stunden hergestellt. Sie wurde unter Rühren zur zuvor hergestellten, $-$ 60 °C kalten Lösung des Niobpentachlorids getropft. Die Zugabegeschwindigkeit wurde so eingestellt, dass sie nach einer Stunde beendet war. Da sich während der Zugabe viel rotbrauner Niederschlag bildete, musste die Suspension während der Zugabe durch Schwenken des

Schlenkgefäßes durchmischt werden. Der nach beendeter Zugabe im Schlenkrohr verbliebene Rest der Natriumnaphthalenidlösung wurde mit weiteren 20 mL DME transferiert. Das Reaktionsgemisch wurde weitere 20 Stunden gerührt, wobei sich das Kühlbad über Nacht von $- 60$ °C auf $- 25$ °C erwärmte. Die nun dunkelbraune Suspension wurde wieder auf $- 60$ °C heruntergekühlt, der Gasraum des Gefäßes durch Spülen mit Kohlenstoffmonoxid von Argon befreit und das Reaktionsgemisch anschließend zehn Stunden lang bei dieser Temperatur und einem konstanten Druck von 1,5 bar CO-Gas gehalten. Nach sechs Stunden war eine deutliche Aufhellung der braunen Suspension erkennbar. Die Suspension wurde anschließend über einen Zeitraum von 14 Stunden langsam auf Raumtemperatur erwärmt und das Kohlenstoffmonoxid durch Spülen mit Argon aus dem Gefäß verdrängt. Ein Aliquot von zirka 2 mL der nun orangebraunen Suspension wurde entnommen, auf dem ATR-Kristall des IR-Spektrometers auftrocknen lassen und der braune Rückstand ATR-IR-spektroskopisch untersucht. Der Rest des Reaktionsgemischs wurde über eine Glasbodenfritte mit 2 cm Celitebett filtriert, der braune Rückstand mit DME (3×20 mL) extrahiert bis das Filtrat nur noch blassgelb war und die gesammelten, orangefarbenen Extrakte im Ölpumpenvakuum auf zirka 15 mL konzentriert. Die hierbei entstandene orangefarbene Suspension wurde mit zirka 100 mL Wasser versetzt, woraufhin ein orangefarbener, flockiger Feststoff ausfiel. Die Suspension wurde filtriert und der Rückstand mit Wasser (3×50 mL) extrahiert, bis er farblos war. Die gesammelten orangefarbenen, wässrigen Phasen wurden vereint und zu einer farblosen Lösung aus 7,27 g (28,27 mmol, 1,5 Äq.) [Et$_4$N]I in zirka 30 mL Wasser gegeben. Es bildete sich sofort ein gelber, flockiger Feststoff, der abfiltriert und mit Wasser (3×50 mL) gewaschen wurde. Das Waschwasser war blassgelb. Nach vierstündigem Trocknen des kanariengelben Niederschlags im Ölpumpenvakuum wurden 3,42 g (8,75 mmol, 47 % der Theorie bezogen auf NbCl$_5$) der Zielverbindung gewonnen. Die Verbindung ist in aliphatischen Lösungsmitteln unlöslich, in aromatischen Lösungsmitteln kaum und in THF und Acetonitril gut löslich. Als Feststoff ist die Substanz kaum

luft- oder lichtempfindlich, während sich ihre gelben Lösungen innerhalb von Minuten an Luft entfärben und sich ein farbloser Feststoff
bildet.

Charakterisierung

IR (THF, cm^{-1}) $\nu = 1892$ (sh), 1861 (vs) (ν(CO)).

^{1}H-NMR (300,1 MHz, THF-d_8, 298 K, ppm): $\delta = 1,33$ (tt, $^3J_{\mathrm{H,H}}$
$= 7,4$ Hz, $^3J_{\mathrm{N,H}} = 1,9$ Hz, 12H, N(CH$_2$CH_3)$_4$$^+$), 3,32 (q, $^3J_{\mathrm{H,H}} =$
7,4 Hz, 8H, N(CH_2CH$_3$)$_4$$^+$).

^{13}C{^{1}H}-NMR (75,47 MHz, THF-d_8, 298 K, ppm): $\delta = 7,5$ (s, 4C,
N(CH$_2$$CH_3$)$_4$$^+$), 53,0 (t, $^1J_{\mathrm{N,C}} = 3,1$ Hz, 4C, N(CH$_2$CH$_3$)$_4$$^+$).[1]

---

[1]   Das Signal der Carbonylkohlenstoffatome wurde bei einer Konzentration von
zirka 0,12 $\frac{\mathrm{mol}}{\mathrm{L}}$ und einer Anzahl von 3072 Scans im ^{13}C{^{1}H}-NMR-Spektrum
nicht detektiert.

4.2.2 Versuchte Synthese von $[(\kappa^3\text{-tmps})Nb(CO)_3I]$ (31)

$$[Et_4N][Nb(CO)_6] \quad + \quad I_2 \xrightarrow[\substack{-0,5\ [Et_4N]I \\ -2\ CO}]{\substack{THF, \\ 0\ ^\circ C\ bis \\ RT,\ 0,5\ h}} 0,5\ [Et_4N][Nb_2(CO)_8(\mu_2\text{-}I)_3]$$

$$\textbf{23} \qquad\qquad\qquad\qquad\qquad\qquad\qquad\qquad \textbf{28}$$

$C_{14}H_{20}NNbO_6$
M = 391,22 g/mol   M = 253,81 g/mol
m = 470 mg   m = 305 mg
n = 1,20 mmol   1,20 mmol

$$0,5\ [Et_4N][Nb_2(CO)_8(\mu_2\text{-}I)_3] \quad + \quad tmps \xrightarrow[\substack{-0,5\ [Et_4N]I \\ -CO}]{\substack{THF,\ -78\ ^\circ C\ bis \\ 66\ ^\circ C,\ 2,5\ h}} [(\kappa^3\text{-tmps})Nb(CO)_3I]$$

$$\textbf{26} \qquad\qquad\qquad\qquad\qquad\qquad\qquad\qquad\qquad \textbf{31}$$

$C_{10}H_{27}P_3Si$ $C_{13}H_{27}INbO_3P_3Si$
M = 268,33 g/mol   M = 572,17 g/mol
m = 330 mg   n = 1,20 mmol
n = 1,23 mmol   m = 687 mg

Bei $-30\ ^\circ C$ wurde zu einer gelben Lösung von 470 mg (1,20 mmol, 1,00 Äq.) des Hexacarbonylniobats **23** in 10 mL THF unter Rühren innerhalb von fünf Minuten eine braune Lösung von 305 mg (1,20 mmol, 1,00 Äq.) Iod in 15 mL THF getropft. An der Zutropfstelle ließ sich eine sofortige Entfärbung der braunen Iodlösung begleitet von reger Gasentwicklung beobachten. Das Kühlbad wurde entfernt und das nun hellbraune Reaktionsgemisch wurde für 30 Minuten bei Raumtemperatur gerührt, wobei es zur Bildung eines braunen Feststoffs kam. Zum Druckausgleich wurde ein Quecksilberüberdruckventil verwendet. Die Suspension wurde anschließend auf $-78\ ^\circ C$ gekühlt und 330 mg (1,23 mmol, 1,02 Äq.) des farblosen Liganden **26** wurden via Spritze hinzugegeben. Durch Aufziehen der Spritze in die Reaktionsmischung wurden letzte Reste des Liganden in die Reaktionsmischung transferiert. Das Reaktionsgefäß wurde anschließend mit einem Rückflusskühler samt Quecksilberüberdruckventil versehen und die nun rötlich braune Suspension zweieinhalb Stunden auf Rückfluss erhitzt.

Es kam während dieser Zeit zu einer deutlichen Rotfärbung der Suspension. *In situ* ATR-IR-Spektren des Films nach Verdampfen der überstehenden Lösung wurden nach zwei beziehungsweise zweieinhalb Stunden gemessen. Die Spektren waren identisch und zeigten im Carbonylbereich vier Banden bei ν_{CO} = 1937 (s), 1837 (vs), 1807 (vs), 1740 (m) cm^{-1}. Die tiefrote Lösung wurde heiß abfiltriert und es verblieb ein blassbrauner Rückstand. Anschließend wurde das Filtrat im Ölpumpenvakuum auf zirka 2 mL eingeengt und die Lösung 48 Stunden lang auf − 60 °C gekühlt. Es kam nur zur Bildung einer geringen Feststoffmenge. Daher wurde die Lösung bei Raumtemperatur unter Rühren mit 30 mL Diethylether versetzt, woraufhin es zur Bildung eines orangefarbenen Feststoffs kam, welcher durch Filtration bei − 30 °C von der blass orange gefärbten Mutterlauge getrennt und eine Stunde im Ölpumpenvakuum getrocknet wurde. Es wurden 504 mg eines orangefarbenen luftstabilen Pulvers erhalten, welches in THF und Dichlormethan gut löslich ist. In aliphatischen und aromatischen Lösungsmitteln sowie in Aceton, Wasser, Diethylether und DME ist die Verbindung vollkommen unlöslich. In Chloroform erfolgt eine rasche Zersetzung unter Bildung eines schwarzen, unlöslichen Rückstands. Anhand der IR- und NMR-spektroskopischen Daten enthält das Produkt die Zielverbindung **31** als Hauptkomponente sowie eine unbekannten Verunreinigung (siehe Diskussion).

Charakterisierung[2]

IR (THF, cm^{-1}) ν = 1944 (s), 1874 (vs), 1823 (s) (ν(CO)).

---

[2]   Obwohl NMR-Spektren der Verbindung gemessen wurden, war eine eindeutige Unterscheidung zwischen Signalen der Verbindung und den der enthaltenen Verunreinigung nicht möglich (s. Diskussion).

4.2.3 Synthese von $[Et_4N][(\kappa^2\text{-tmps})Nb(CO)_4]$ (32)

$$[Et_4N][Nb(CO)_6] \quad + \quad tmps \quad \xrightarrow[-2\,CO]{\substack{THF,\,hv,\\ 8\,h}} \quad [Et_4N][(\kappa^2\text{-tmps})Nb(CO)_4]$$

23	26	32
$C_{14}H_{20}NNbO_6$	$C_{10}H_{27}P_3Si$	$C_{22}H_{47}NNbO_4P_3Si$
M = 391,22 g/mol	M = 268,33 g/mol	M = 603,53 g/mol
m = 500 mg	m = 350 mg	n = 1,28 mmol
n = 1,28 mmol	n = 1,30 mmol	m = 773 mg

500 mg (1,28 mmol) des kanariengelben Hexacarbonylniobats **23** und 350 mg (1,30 mmol; 1,02 Äq.) farbloses tmps (**26**) wurden in 50 mL THF gelöst und die gelbe Lösung unter Rühren acht Stunden lang mit einer OLED (λ = 465 nm, P = 2,5 W), welche einen Abstand von zirka 2 cm zum Schlenkrohr hatte, bestrahlt. Es wurde ein Quecksilber-überdruckventil verwendet. Der Reaktionsverlauf wurde IR-spektroskopisch anhand eines Lösungs-IR-Spektrums jeweils eines Aliquots der Reaktionslösung, welches nach vier und acht Stunden entnommen wurde, verfolgt. Bereits nach wenigen Minuten färbte sich die Lösung orange und über das Überdruckventil konnte eine Gasentwicklung beobachtet werden. Die nach acht Stunden vorliegende tief orangefarbene Lösung, welche anhand des IR-Spektrums nur noch die Zielverbindung enthielt, wurde im Abstand von zirka 2 cm mit einer Quecksilberdampflampe (Mitteldruck, 125 W) unter Rühren zwei Stunden bestrahlt. Ein weiterer Decarbonylierungsprozess zum Komplex $[Et_4N][(\kappa^3\text{-tmps})Nb(CO)_3]$ konnte IR-spektroskopisch nicht beobachtet werden. Stattdessen bildete sich eine geringe Menge eines farblosen Feststoffs auf der der Lampe zugewandten Seite des Schlenkrohrs. Anschließend wurde die orangefarbene Suspension filtriert und das Lösungsmittel im Ölpumpenvakuum vollständig entfernt. Das so erhaltene orangefarbene Öl wurde zweimal mit zirka 20 mL n-Pentan versetzt, die vorliegende Emulsion jeweils mittels Flüssigstickstoff-bad eingefroren, mechanisch vermengt, bis auf − 30 °C erwärmt und die überstehende, blass orangefarbene Pentanphase vom sich abset-

zenden orangefarbenen Öl mittels Filterkanüle abdekantiert. Das so erhaltende Produkt wurde vier Stunden bei 70 °C im Ölpumpenvakuum getrocknet. So wurden 695 mg (1,15 mmol, 90 % der Theorie bezogen auf **23**) der Zielverbindung [Et$_4$N][Nb(κ^2-tmps)(CO)$_4$] (**32**) als orangefarbene, teerartige Masse erhalten. Die Verbindung ist in aliphatischen Lösungsmitteln unlöslich, in Diethylether und aromatischen Lösungsmitteln moderat und in THF gut löslich.

Charakterisierung

IR (THF, cm^{-1}) ν = 1898 (m), 1784 (vs), 1764 (m), 1735 (m) (ν(CO)).

^{1}H-NMR (300,1 MHz, THF-d_8, 298 K, ppm): δ = 0,22 (s, 3H, Si*Me*), 0,68 (d, $^2J_{\text{P,H}}$ = 2,4 Hz, 2H, C*H$_2$*PMe$_2$), 0,95 – 1,00 (m, 4H, 2 × C*HH*'PMeMe', gebunden), 1,00 (d, $^2J_{\text{P,H}}$ = 3,1 Hz, 6H, CH$_2$P*Me$_2$*), 1,36 (tt, $^3J_{\text{H,H}}$ = 7,3 Hz, $^3J_{\text{N,H}}$ = 1,8 Hz, 12H, 4 × NCH$_2$C*H$_3$*, NEt$_4$$^+$), 1,36 – 1,37 (m, 6H, 2 × CHH'P*Me*Me', gebunden), 1,37 – 1,39 (m, 6H, 2 × CHH'PMe*Me*', gebunden),[3], 3,44 (q,$^3J_{\text{H,H}}$ = 7,3 Hz, 8H, 4 × NC*H$_2$*CH$_3$, NEt$_4$$^+$).

^{13}C{^{1}H}-NMR (75,47 MHz, THF-d_8, 298 K, ppm): δ = 0,8 (dt, $^3J_{\text{C,P}}$ = 2,3 Hz, $^3J_{\text{C,P}}$ = 4,7 Hz, 1C, Si*Me*), 7,9 (s, 4C, N(CH$_2$*C*H$_3$)$_4$$^+$), 18,4 (d, $^1J_{\text{C,P}}$ = 15,0 Hz, 2C, CH$_2$P*Me$_2$*), 22,2 (dt, $^1J_{\text{C,P}}$ = 28,6 Hz, $^3J_{\text{C,P}}$ = 4,0 Hz, 1C, *C*H$_2$PMe$_2$), 22,8 (dd, $^1J_{\text{C,P}}$ = 4,1 Hz, $^3J_{\text{C,P}}$ = 1,5 Hz, 2C, 2 × *C*HH'PMeMe', gebunden),

---

[3]   Die Signale der phosphorgebundenen diastereotopen Methylgruppen überlagern mit dem Signal der Methylgruppen des Gegenions. Daher kann die genaue Signalform nicht bestimmt werden. Die Signalzuordnung wurde jedoch durch Korrelationsspektren bestätigt.

25,3 – 25,5 (m, 2C, 2 × CHH'PMeMe', gebunden), 26,5 – 26,7 (m, 2C, 2 × CHH'PMeMe', gebunden), 53,2 (t, $^1J_{N,C}$ = 3,0 Hz, 4C, N(CH_2CH_3)$_4^+$).[4]

^{29}Si{^{1}H}-NMR (59,63 MHz, THF-d_8, 298 K, ppm): $\delta = -$ 0,5 (dt, $^2J_{P,Si}$ = 14,6 Hz, $^2J_{P,Si}$ = 8,5 Hz, 1Si, SiMe).

^{31}P{^{1}H}-NMR (121.5 MHz, THF-d_8, 298 K, ppm): $\delta = -$ 55,6 (s, 1P, CH_2PMe_2), $-$ 10,3 (br, $\nu_{\frac{1}{2}}$ = 1237 Hz, 2P, 2 × CHH'PMeMe', gebunden).

4.2.4 Synthese von [Me$_4$N][Nb(CO)$_6$] (**24**)

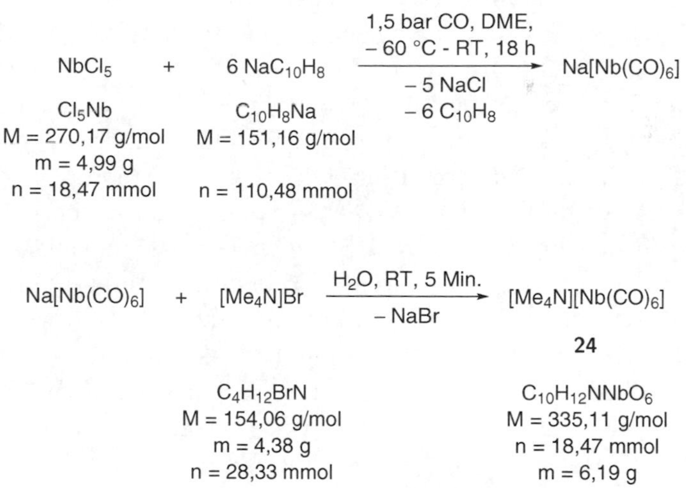

$$\text{NbCl}_5 \quad + \quad 6\,\text{NaC}_{10}\text{H}_8 \quad \xrightarrow[- 5\,\text{NaCl} \atop - 6\,\text{C}_{10}\text{H}_8]{1{,}5 \text{ bar CO, DME,} \atop - 60\,°\text{C - RT, 18 h}} \quad \text{Na[Nb(CO)}_6]$$

Cl$_5$Nb C$_{10}$H$_8$Na
M = 270,17 g/mol M = 151,16 g/mol
m = 4,99 g
n = 18,47 mmol n = 110,48 mmol

$$\text{Na[Nb(CO)}_6] \quad + \quad [\text{Me}_4\text{N}]\text{Br} \quad \xrightarrow[- \text{NaBr}]{\text{H}_2\text{O, RT, 5 Min.}} \quad [\text{Me}_4\text{N}][\text{Nb(CO)}_6]$$

24

C$_4$H$_{12}$BrN C$_{10}$H$_{12}$NNbO$_6$
M = 154,06 g/mol M = 335,11 g/mol
m = 4,38 g n = 18,47 mmol
n = 28,33 mmol m = 6,19 g

Eine gelbe Lösung von 4,99 g (18,47 mmol) Niobpentachlorid in 50 mL DME wurde durch kondensieren des DME im Vakuum bei

---

[4] Die Signale der Carbonylkohlenstoffatome wurden bei einer Konzentration von 0,13 $\frac{\text{mol}}{\text{L}}$ und einer Anzahl von 3072 Scans im ^{13}C{^{1}H}-NMR-Spektrum nicht detektiert.

Flüssigstickstofftemperatur auf $NbCl_5$ und anschließendes Auftauen des gefrorenen Lösungsmittels bei $-50\,°C$ hergestellt. Zu dieser gelben Lösung wurde unter Rühren innerhalb einer halben Stunde eine grüne Lösung von Natriumnaphthalenid in DME getropft. Diese wurde zuvor hergestellt, indem eine Suspension von 2,54 g (110,48 mmol; 6,0 Äq.) Natriumsand und 14,37 g (112,13 mmol; 6,0 Äq.) sublimiertem Naphthalin in 120 mL DME zwölf Stunden bei Raumtemperatur gerührt wurde. Es fiel sofort ein brauner Feststoff aus. Die verbliebene Natriumnapthalenidlösung wurde mit weiteren 50 mL DME zum Reaktionsgemisch transferiert. Während des gesamten Vorgangs wurde das Reaktionsgemisch durch vorsichtiges Schwenken des Schlenkkolbens gerührt, da der ausfallende Feststoff den Magnetrührfisch blockierte. Nach beendeter Zugabe hatte sich die Suspension auf $-45\,°C$ aufgewärmt und wurde bei dieser Temperatur eineinhalb Stunden gerührt. Anschließend wurde die Suspension auf $-60\,°C$ herabgekühlt, Argon durch Spülen des Schlenkrohrs mit Kohlenstoffmonoxid entfernt und das Reaktionsgemisch bei einem Druck von 1,5 bar und konstanter Temperatur gerührt. Daraufhin wurde die Suspension unter Rühren über 14 Stunden langsam auf Raumtemperatur erwärmt, bevor das Kohlenstoffmonoxid durch Spülen mit Argon aus dem Reaktionsgefäß verdrängt wurde. Der braune Feststoff der nun gelbbraunen Suspension wurde zwei Stunden lang absitzen lassen, die überstehende gelbe Lösung filtriert und der Rückstand mit DME (3 $\times$ 20 mL) extrahiert, bis die Extrakte nur noch blassgelb waren. Die vereinigten Extrakte wurden im Ölpumpenvakuum auf ein Volumen von zirka 10 mL eingeengt, woraufhin ein gelber Feststoff ausfiel. Die Suspension wurde mit zirka 200 mL Wasser versetzt, wobei sich ein gelber, flockiger Feststoff bildete, der durch Filtration von der gelben Mutterlauge getrennt und mit Wasser (3 $\times$ 30 mL) extrahiert wurde, bis er farblos war. Die vereinigten gelben wässrigen Phasen wurden zu einer Lösung von 4,38 g (28,33 mmol; 1,5 Äq.) farblosem $[Me_4N]Br$ in zirka 10 mL Wasser gegeben, woraufhin sich sofort ein tiefgelber, sehr feiner Niederschlag bildete. Die Suspension wurde zur Vervollständigung der Metathese eine Stunde gerührt, der Feststoff durch

Filtration gesammelt und mit Wasser (3 × 30 mL) gewaschen. Die gesammelten, gelben Waschwässer wurden verworfen. Der Feststoff wurde nach vierstündigem Trocknen im Ölpumpenvakuum in THF (3 × 10 mL) aufgenommen, in ein neues Gefäß transferiert, das Lösungsmittel im Ölpumpenvakuum entfernt und anschließend eine Stunden im Ölpumpenvakuum getrocknet. Es konnten 1,30 g (3,88 mmol; 21 % der Theorie bezogen auf $NbCl_5$) der Verbindung **24** als tiefgelbes Pulver erhalten werden. Die Eigenschaften der Verbindungen **24** und **23** bezüglich Löslichkeit und Empfindlichkeit gegenüber Licht und Luft sind ähnlich. Die Substanz ist in aliphatischen Lösungsmitteln unlöslich, kann jedoch gut in THF oder Acetonitril gelöst werden. Auch das Tetramethylammoniumderivat behält in Substanz an Luft über mehrere Stunden seine gelbe Farbe. Lösungen der Verbindung zeigen sich jedoch luftempfindlich und entfärben sich bei Kontakt mit Sauerstoff nach kurzer Zeit.

Charakterisierung

Elementaranalyse (%) berechnet für $C_{10}H_{12}NNbO_6$ ($335{,}11\ \frac{g}{mol}$): C 35,84; H 3,61; N 4,18. Gefunden: C 35,92; H 3,88; N 4,16.

Zersetzungstemperatur: 132 °C

IR (THF, cm^{-1}) $\nu = 1894$ (sh), 1862 (vs) ($\nu(CO)$).

IR (MeCN, cm^{-1}) $\nu = 1864$ (vs, br) ($\nu(CO)$).

^{1}H-NMR (400,1 MHz, CD_3CN, 298 K, ppm): $\delta = 3{,}06$ (t, $^2J_{N,H} = 0{,}6$ Hz, 12H, Me_4N^+).

^{13}C{^{1}H}-NMR (100,6 MHz, CD_3CN, 298 K, ppm): $\delta = 56.3$ (t, $^1J_{N,C} = 4{,}1$ Hz, 4C, Me_4N^+), 217,5 (dec, $^1J_{Nb,C} = 235{,}7$ Hz, 6C, 6 × CO).

4.2.5 Synthese von [Me$_4$N][(κ^2-tmps)Nb(CO)$_4$] (**33**)

$$[Me_4N][Nb(CO)_6] \quad + \quad tmps \quad \xrightarrow[- 2\,CO]{\substack{THF,\ h\nu,\\ 38\,h}} \quad [Me_4N][(\kappa^2\text{-tmps})Nb(CO)_4]$$

24	26	33
C$_{10}$H$_{12}$NNbO$_6$	C$_{10}$H$_{27}$P$_3$Si	C$_{18}$H$_{39}$NNbO$_4$P$_3$Si
M = 335,11 g/mol	M = 268,33 g/mol	M = 547,42 g/mol
m = 680 mg	m = 592 mg	n = 2,03 mmol
n = 2,03 mmol	n = 2,21 mmol	m = 1,111 g

680 mg (2,03 mmol) des tiefgelben Tetramethylammoniumniobats **24** und 592 mg (2,21 mmol; 1,09 Äq.) farbloses tmps wurden in einem Schlenkrohr in 80 mL THF gelöst, das Schlenkrohr mit einem Quecksilberüberdruckventil verschlossen und die gelbe Lösung unter Rühren 38 Stunden lang mit zwei OLEDs (λ = 465 nm, Gesamtleistung P = 5 W) bestrahlt, welche ungefähr im Abstand von 2 cm vom Glas des Reaktionsgefäßes entfernt angebracht waren. Zur Reaktionsverfolgung wurde nach jeweils 14 und 38 Stunden ein Aliquot des Reaktionsgemisches IR-spektroskopisch untersucht. Nach wenigen Minuten färbte sich die Lösung orange und es entwich Gas über das Überdruckventil. Es bildete sich ein farbloser, unlöslicher Feststoff am Glas, vornehmlich in der Nähe der Lichtquellen. Dieser Rückstand wurde nach 14 Stunden mit Hilfe des Magnetrührfisches mechanisch entfernt. Nach beendeter Reaktion wurde die orangefarbene Suspension filtriert, woraufhin nur wenige Milligramm eines farblosen Rückstands im Schlenkrohr zurückblieben. Das orangefarbene Filtrat wurde im Ölpumpenvakuum auf ein Volumen von zirka 1 mL konzentriert und auf − 30 °C gekühlt. Nun wurden 50 mL einer auf 0 °C gekühlten Lösung von Diethylether und Petrolether 40/60 im Verhältnis 1:1 unter langsamem Rühren über 30 Minuten hinzugetropft, woraufhin sich ein orangefarbener Feststoff bildete. Dieser wurde zirka zehn Minuten absitzen lassen, via Filterkanüle von der überstehenden, blassgelb gefärbten Lösung getrennt, mit einem Gemisch aus Diethylether/Petrolether 40/60 (1/1, 3 × 17 mL) gewaschen und zwei

Stunden lang im Ölpumpenvakuum getrocknet. Es wurden 1,08 g (1,97 mmol; 97 % der Theorie bezogen auf $[Me_4N][Nb(CO)_6]$) der Verbindung $[Me_4N][Nb(\kappa^2\text{-tmps})(CO)_4]$ als orangefarbenes, luft- und feuchtigkeitsempfindliches Pulver mit stark phosphanartigem Geruch erhalten. Sie ist in aliphatischen Lösungsmitteln unlöslich, in aromatischen Lösungsmitteln moderat und in THF gut löslich. An Luft entfärbt sich die Verbindung sowohl in Substanz als auch in Lösung innerhalb von Minuten.

Charakterisierung

Elementaranalyse(%) berechnet für $C_{18}H_{39}NNbO_4P_3Si$ (547,42 $\frac{g}{mol}$): C 39,49; H 7,18; N 2,56. Gefunden: C 38,93; H 7,13; N 2,51.

Zersetzungstemperatur: 142 °C

IR (THF, cm^{-1}) $\nu = 1900$ (m), 1787 (vs), 1764 (m), 1732 (m) ($\nu(CO)$).

IR (Toluol, cm^{-1}) $\nu = 1897$ (m), 1783 (vs), 1761 (m), 1727 (m) ($\nu(CO)$).

^{1}H-NMR (300,1 MHz, C_6D_6, 298 K, ppm): $\delta = 0{,}28$ (s, 3H, Si*Me*), 0,52 (d, $^2J_{P,H} = 2{,}5$ Hz, 2H, C*H$_2$*PMe$_2$), 0,91 (d, $^2J_{P,H} = 3{,}1$ Hz, 6H, CH$_2$P*Me$_2$*), 0,95 – 0,99 (m, 4H, 2 × C*HH'*PMeMe', gebunden), 1,58 – 1,59 (m, 6H, 2 × CHH'P*Me*Me', gebunden), 1,64 – 1,65 (m, 6H, 2 × CHH'P*Me*Me', gebunden),[5] 2,70 (s, 12H, *Me$_4$*N$^+$).

---

[5] Aufgrund der schlechten Löslichkeit der Verbindung in deuteriertem Benzol wurde in diesem Lösungsmittel kein ^{13}C{^{1}H}-NMR-Spektrum gemessen. Die genaue Zuordnung der Signale der diastereotopen Methylgruppen bei $\delta = 1{,}58 – 1{,}59$ und 1,64 – 1,65 ppm konnte daher nicht durchgeführt werden.

^{31}P{^{1}H}-NMR (121,5 MHz, C$_6$D$_6$, 298 K, ppm): $\delta = -$ 55,8 (s, 1P, CH$_2$P*Me$_2$*), $-$ 11,6 (br, $\nu_{\frac{1}{2}}$ = 724 Hz, 2P, 2 × CHH'*P*MeMe', gebunden).

^{1}H-NMR (300,1 MHz, THF-d_8, 298 K, ppm): δ = 0,23 (s, 3H, Si*Me*), 0,68 (d, $^2J_{P,H}$ = 2,5 Hz, 2H, C*H$_2$*PMe$_2$), 0,96 – 0,99 (m, 4H, 2 × C*HH*'PMeMe', gebunden), 0,99 (d, $^2J_{P,H}$ = 3,1 Hz, 6H, CH$_2$P*Me$_2$*), 1,36 – 1,37 (m, 6H, 2 × CHH'P*Me*Me', gebunden), 1,37 – 1,39 (m, 6H, 2 × CHH'PMe*Me*', gebunden), 3,37 (s, 12H, *Me$_4$*N$^+$).

^{13}C{^{1}H}-NMR (100,6 MHz, THF-d_8, 298 K, ppm): δ = 0,9 (dt, $^3J_{C,P}$ = 2,1 Hz, $^3J_{C,P}$ = 4,9 Hz, 1C, Si*Me*), 18,4 (d, $^1J_{C,P}$ = 16,6 Hz, 2C, CH$_2$P*Me$_2$*), 22,1 (dt, $^1J_{C,P}$ = 28,5 Hz, $^3J_{C,P}$ = 4,0 Hz, 1C, C*H$_2$*PMe$_2$), 22,5 (dd, $^1J_{C,P}$ = 4,1 Hz, $^3J_{C,P}$ = 0,9 Hz, 2C, 2 × C*HH*'PMeMe', gebunden), 25,2 – 25,4 (m, 2C, 2 × CHH'P*Me*Me', gebunden), 26,4 – 26,6 (m, 2C, 2 × CHH'PMe*Me*', gebunden), 56,4 (t, $^1J_{N,C}$ = 4,2 Hz, 4C, *Me$_4$*N$^+$), 226,5 (br, $\nu_{\frac{1}{2}}$ = 186 Hz, 4C, 4 × *C*O).

^{29}Si{^{1}H}-NMR (59,63 MHz, THF-d_8, 298 K, ppm): $\delta = -$ 0,4 (dt, $^2J_{P,Si}$ = 14,7 Hz, $^2J_{P,Si}$ = 8,3 Hz, 1Si, Me*Si*).

^{31}P{^{1}H}-NMR (121,5 MHz, THF-d_8, 298 K, ppm): $\delta = -$ 55,6 (s, 1P, CH$_2$P*Me$_2$*), $-$ 10,9 (br, $\nu_{\frac{1}{2}}$ = 1299 Hz, 2P, 2 × CHH'*P*MeMe', gebunden).

4.2.6 Synthese von $[Et_4N][V(CO)_6]$ (**25**)

$$VCl_3(THF)_3 \quad + \quad 4\ NaC_{10}H_8 \quad \xrightarrow[- 3\ NaCl]{\substack{1\ bar\ CO,\ DME, \\ -\ 60\ °C\ -\ RT,\ 40\ h \\ \\ -\ 4\ C_{10}H_8}} \quad Na[V(CO)_6]$$

$C_{12}H_{24}Cl_3O_3V$ $C_{10}H_8Na$
M = 373,62 g/mol   M = 151,16 g/mol
m = 1,50 g
n = 4,01 mmol   n = 16,09 mmol

$$Na[V(CO)_6] \quad + \quad [Et_4N]I \quad \xrightarrow[-\ NaI]{H_2O,\ RT,\ 5\ Min.} \quad [Et_4N][V(CO)_6]$$

25

$C_8H_{20}NI$ $C_{14}H_{20}NO_6V$
M = 257,17 g/mol   M = 349,25 g/mol
m = 2,14 g   n = 4,01 mmol
n = 8,31 mmol   m = 1,40 g

Eine Lösung von Natriumnaphthalenid in DME wurde hergestellt, indem 3,10 g (24,15 mmol; 6 Äq.) farbloses, sublimiertes Naphthalin und 0,37 g (16,06 mmol; 4 Äq.) Natriumsand in zirka 100 mL DME suspendiert wurden und die grüne Suspension viereinhalb Stunden bei Raumtemperatur gerührt wurde. Die anschließend vorliegende grüne Lösung wurde auf 0 °C gekühlt und unter Rühren zu einer pinkfarbenen Suspension von 1,50 g (4,01 mmol) $VCl_3(THF)_3$ in zirka 50 mL DME getropft, welche zunächst auf − 60 °C gekühlt wurde. Die Zugabe war nach 30 Minuten beendet und der verbliebene grüne Rückstand wurde mit weiteren 20 mL DME transferiert. Die nun vorliegende braune Suspension wurde unter Rühren über 16 Stunden von − 60 auf 0 °C erwärmt um eine vollständige Reduktion von $VCl_3(THF)_3$ zu gewährleisten. Anschließend wurde die Suspension auf − 70 °C gekühlt, das Argon durch Spülen mit CO entfernt und das Reaktionsgemisch bei dieser Temperatur und einem konstanten Druck von 1,0 bar zwölf Stunden unter intensivem Rühren begast. Die nun hellbraune Suspension wurde bei gleichem CO-Druck langsam über einen Zeitraum von zwölf Stunden auf Raumtemperatur erwärmt, das Kohlenstoffmonoxid durch Spülen mit Argon entfernt, der Feststoff eine Stunde lang absitzen lassen und dann filtriert. Der braune Filterrückstand wurde mit DME extrahiert (2×25 mL) und die vereinigten braungelben Phasen wurden im Ölpumpenvakuum unter Bildung eines braunen Feststoffs auf zirka 10 mL konzentriert. Die Suspension wurde nun mit zirka 250 mL Wasser versetzt, woraufhin mehr brauner, flockiger Feststoff ausfiel, welcher abfiltriert und mit Wasser (2×50 mL) extrahiert wurde. Die gesammelten gelben, wässrigen Phasen wurden zu einer farblosen Lösung aus 2,14 g (8,31 mmol; 2 Äq.) [Et$_4$N]I in 20 mL Wasser gegeben, was zur sofortigen Bildung eines blassgelben, frei schwebenden Niederschlags führte. Dieser wurde von der ebenfalls blassgelben Mutterlauge via Filtration getrennt, mit Wasser gewaschen (3×20 mL) und vier Stunden im Ölpumpenvakuum getrocknet. Es konnten so 0,57 mg (1,62 mmol; 40 % der Theorie bezogen auf VCl$_3$(THF)$_3$) von Verbindung **25** als blassgelbes, staubfeines Pulver erhalten werden.

Charakterisierung

IR (THF, cm^{-1}) $\nu = 1895$ (sh), 1858 (vs) (ν(CO)).

IR (ATR-IR, cm^{-1}) $\nu = 1805$ (vs, br) (ν(CO)).

^{1}H-NMR (300,1 MHz, CD$_3$CN, 298 K, ppm): $\delta = 1,20$ (tt, $^3J_{\text{H,H}} = 7,3$ Hz, $^3J_{\text{N,H}} = 1,9$ Hz, 12H, N(CH$_2$C*H$_3$*)$_4$$^+$), 3,15 (q, $^3J_{\text{H,H}} = 7,3$ Hz, 8H, N(C*H$_2$*CH$_3$)$_4$$^+$).

4.2.7 Synthese von $[Et_4N][(\kappa^3\text{-tmps})V(CO)_3]$ (34)

$$[Et_4N][V(CO)_6] \quad + \quad tmps \quad \xrightarrow[-3\,CO]{\substack{THF,\ h\nu,\\ 6,5\ d}} \quad [Et_4N][(\kappa^3\text{-tmps})V(CO)_3]$$

25	26	34
$C_{14}H_{20}NO_6V$	$C_{10}H_{27}P_3Si$	$C_{21}H_{47}NO_3P_3SiV$
M = 349,25 g/mol	M = 268,33 g/mol	M = 533,55 g/mol
m = 266 mg	m = 220 mg	n = 0,76 mmol
n = 0,76 mmol	n = 0,82 mmol	m = 406 mg

266 mg (0,76 mmol) des blassgelben Hexacarbonylvanadats **25** und
220 mg (0,82 mmol; 1,08 Äq.) tmps wurden in 50 mL THF gelöst, das
Schlenkrohr mit einem Quecksilberüberdruckventil verschlossen und
die gelbe Lösung unter intensivem Rühren mit einer Weißlicht-OLED
(P = 6 W) bestrahlt. Das Reaktionsgemisch färbte sich 24 Stunden
nach Beginn der Bestrahlung gelbbraun und ein brauner Feststoff bildete sich an der der Lichtquelle zugewandten Seite des Schlenkrohrs.
Dieser wurde alle 24 Stunden mit Hilfe des Magnetrührfisches vom
Glas entfernt. Der Reaktionsfortschritt wurde IR-spektroskopisch mittels jeweils eines Aliquots des Reaktionsgemischs bestimmt. Nach
sechseinhalb Tagen wurde die Bestrahlung abgebrochen, nachdem
sich zwei innerhalb von 24 Stunden gemessene IR-Spektren der überstehenden Lösung nicht unterschieden. Das Reaktionsgemisch wurde
filtriert und das braune Filtrat im Ölpumpenvakuum auf zirka 1 mL
konzentriert. Hierbei bildete sich ein brauner, öliger Feststoff. Die
Suspension wurde bei − 30 °C mit 20 mL Petrolether 40/60/Die-
thylether (1/1) versetzt, wobei sich ein gelber Feststoff mit braunen
Einschlüssen bildete, welcher via Filterkanüle von der braunen Mutterlauge getrennt wurde. Da sich die Einschlüsse mit einem Gemisch
aus Petrolether 40/60 und Diethylether im Verhältnis 1/1 nicht weg-
waschen ließen (3 × 5 mL), wurde der Feststoff aus THF/Petrolether
40/60 bei − 30 °C umkristallisiert, mit Diethylether gewaschen (3 ×
1 mL) und eine Stunde im Ölpumpenvakuum getrocknet. Es konnten
230 mg (0,40 mmol; 53 % der Theorie bezogen auf Verbindung **25**)

der Zielverbindung **34** als gelbes Pulver erhalten werden, welches anhand der NMR-und IR-spektroskopischen Daten noch zirka 6,5 % der Verbindung [Et$_4$N][(κ^2-tmps)V(CO)$_4$] als Nebenkomponente enthält. Die erhaltene Substanz ist in aliphatischen Lösungsmitteln unlöslich, in Diethylether kaum und in aromatischen Lösungsmitteln moderat löslich. Sie zeigt eine gute Löslichkeit in THF. An Luft färbt sich die Verbindung grün.

Charakterisierung

IR (THF, cm^{-1}) ν = 1793 (vs), 1691 (s, br) (ν(CO)).

^{1}H-NMR (300,1 MHz, C$_6$D$_6$, 298 K, ppm): δ = 0,01 (s, 3H, *Me*Si), 0,66 (m, br, 18H, N(CH$_2$C*H$_3$*)$_4^+$ und 3 × C*H$_2$*PMe$_2$), 1,74 (s, 18H, 3 × CH$_2$P*Me$_2$*), 2,65 (m, br, 8H, N(C*H$_2$*CH$_3$)$_4^+$).

^{31}P{^{1}H}-NMR (121,1 MHz, C$_6$D$_6$, 298 K, ppm): δ = 8,4 (br, $\nu_{\frac{1}{2}}$ = 1790 Hz, 3P, 3 × CH$_2$*P*Me$_2$).

4.2.8 Synthese von [(κ^3-tmps)(CO)$_2$Nb≡GeAr^{Mes}] (**37**)

Toluol,
− 40 °C bis RT,
2,5 h

[Me$_4$N][(κ^2-tmps)Nb(CO)$_4$]   +   Ar^{Mes}GeCl $\xrightarrow[\substack{- [\text{Me}_4\text{N}]\text{Cl} \\ -2\,\text{CO}}]{}$ [(κ^3-tmps)(CO)$_2$Nb≡GeAr^{Mes}]

33   **12**   **37**

C$_{18}$H$_{39}$NNbO$_4$P$_3$Si   C$_{24}$H$_{25}$ClGe   C$_{36}$H$_{52}$GeNbO$_2$P$_3$Si
M = 547,42 g/mol   M = 421,52 g/mol   M = 803,32 g/mol
m = 500 mg   m = 385 mg   n = 0,91 mmol
n = 0,91 mmol   n = 0,91 mmol   m = 731 mg

In einem Schlenkrohr wurden 500 mg (0,91 mmol; 1 Äq.) der orangefarbenen Verbindung **33** und 385 mg (0,91 mmol; 1 Äq.) orangefarbenes Ar^{Mes}GeCl bei − 40 °C unter Rühren in Toluol, das auf dieselbe Temperatur vorgekühlt wurde, suspendiert und das Reaktionsgefäß mit einem Quecksilberüberdruckventil verschlossen. Die orangebraune Suspension wurde anschließend über einen Zeitraum von eineinhalb Stunden langsam auf Raumtemperatur erwärmt. Bei einer Kühlbadtemperatur von − 35 °C war in der Suspension eine deutliche Gasentwicklung zu erkennen und ihre Farbe schlug nach violettbraun um. Nachdem das Reaktionsgemisch Raumtemperatur erreicht hatte, wurde es noch eine weitere Stunde gerührt und zur Bestätigung der Vollständigkeit der Reaktion ein Aliquot des Reaktionsgemischs IR-spektroskopisch untersucht. Das Lösungsmittel wurde im Ölpumpenvakuum entfernt und der violettbraune Rückstand mit einem Gemisch aus Toluol und Petrolether 40/60 (1/1, 3 × 17 mL) extrahiert. Es verblieb ein blassbrauner Rückstand. Die violettbraunen Extrakte wurden im Ölpumpenvakuum auf zirka 2 mL konzentriert, woraufhin sich ein brauner Feststoff bildete. Die Suspension wurde zur Kristallisation 14 Stunden lang auf − 30 °C gekühlt. Es bildeten sich dunkle Kristalle, die bei − 30 °C von der braunen Mutterlauge abfiltriert, bei Raumtemperatur mit Diethylether/n-Pentan (1/2, 3 × 5 mL) gewaschen und eine Stunde im Ölpumpenvakuum getrocknet wurden. ^{1}H-NMR-spektroskopisch wurden zirka 50 mol% Toluol nachgewiesen. Um das cokristallisierte Lösungsmittel zu entfernen wurden die Kristalle gefriergetrocknet und vier Stunden im Ölpumpenvakuum getrocknet. Die Verbindung enthielt anhand des ^{1}H-NMR-Spektrums anschließend noch 36 mol% Toluol. Das violettbraune Pulver wurde daher in 5 mL n-Pentan suspendiert und 24 Stunden bei Raumtemperatur gerührt, woraufhin sich die Farbe deutlich aufhellte. Das nun tief magenta gefärbte Pulver wurde von der blassrosafarbenen Mutterlauge abfiltriert und eine Stunde im Ölpumpenvakuum getrocknet. So wurden 392 mg (0,49 mmol; 54 % der Theorie bezogen auf Verbindung **33**) des Niobgermylidinkomplexes **37** als tief magentafarbenes Pulver erhalten. An Luft entfärbt sich die Verbindung sowohl in Lösung als auch in fester Form innerhalb von Sekunden, sie ist jedoch kaum feuchtigkeitsempfindlich. Der Komplex ist in aliphatischen Lösungsmitteln kaum, in aromatischen Lösungsmitteln und Diethylether moderat und in THF gut löslich.

Charakterisierung

Elementaranalyse(%)   berechnet   für $C_{36}H_{52}GeNbO_2P_3Si$ (803,32 $\frac{g}{mol}$): C 53,82; H 6,52. Gefunden: C 53,29; H 6,59.

Zersetzungstemperatur: 284 °C

IR (Toluol, cm^{-1}) $\nu = 1867$ (vs), 1805 (vs) (ν(CO)).

IR (THF, cm^{-1}) $\nu = 1865$ (vs), 1801 (vs) (ν(CO)).

IR (n-Pentan, cm^{-1}) $\nu = 1877$ (vs), 1819 (vs) (ν(CO)).

IR (Fluorbenzol, cm^{-1}) $\nu = 1862$ (vs), 1797 (vs) (ν(CO)).

^{1}H-NMR (300,1 MHz, C$_6$D$_6$, 298 K, ppm): $\delta = -0,26$ (br, $\nu_{\frac{1}{2}} = 2,3$ Hz, 3H, SiMe), $-0,03$ (d, $^2J_{P,H} = 8,0$ Hz, 2H, trans-PMe$_2$CH$_2$), 0,18 (s, br, $\nu_{\frac{1}{2}} = 16,2$ Hz, 4H, 2 × cis-PMeMe'CHH'), 1,11 (br, $\nu_{\frac{1}{2}} = 8,5$ Hz 12H, 2 × cis-PMeMe'CHH'+ trans-PMe$_2$CH$_2$), 1,21 (br, $\nu_{\frac{1}{2}} = 9,8$ Hz, 6H, cis-PMeMe'CHH'), 2,37 (s, 6H, 2 × p-Me, Mes), 2,42 (s, 12H, 4 × o-Me, Mes), 7,00 (d, $^3J_{H,H} = 7,5$ Hz, 2H, 2 × m-H, C$_6$H$_3$), 7,06 (s, 4H, 4 × m-H, Mes), 7,21 (t, $^3J_{H,H} = 7,5$ Hz, 1H, p-H, C$_6$H$_3$).

^{1}H-NMR (300,1 MHz, THF-d_8, 298 K, ppm): $\delta = 0,02$ (s, 3H, SiMe), 0,65 – 0,68 (m, 2H, trans-PMe$_2$CH$_2$), 0,69 – 0,71 (m, 4H, 2 × cis-PMeMe'CHH'), 1,18 (s, br, $\nu_{\frac{1}{2}} = 8,7$ Hz, 6H, 2 × cis-PMeMe'CHH'), 1,26 (s, br, $\nu_{\frac{1}{2}} = 8,4$ Hz, 6H, 2 × cis-PMeMe'CHH'), 1,35 (d, $^2J_{P,H} = 5,5$ Hz, 6H, trans-PMe$_2$CH$_2$), 2,07 (s, 12H, 4 × o-Me, Mes), 2,27 (s, 6H, 2 × p-Me, Mes), 6,84 (s, 4H, 4 × m-H, Mes), 6,89 (d, $^3J_{H,H} = 7,5$ Hz, 2H, 2 × m-H, C$_6$H$_3$), 7,27 (t, $^3J_{H,H} = 7,5$ Hz, 1H, p-H, C$_6$H$_3$).

¹H-NMR (300,1 MHz, THF-d_8, 203 K, ppm): δ = 0,02 (s, 3H, SiMe), 0,70 – 0,73 (m, 2H, *trans*-PMe₂CH_2), 0,71 – 0,74 (m, 4H, 2 × *cis*-PMeMe'CHH'), 1,15 (s, br, $\nu_{\frac{1}{2}}$ = 8,3 Hz, 6H, 2 × *cis*-PMeMe'CHH'), 1,24 (s, br, $\nu_{\frac{1}{2}}$ = 7,8 Hz, 6H, 2 × *cis*-PMeMe'CHH'), 1,35 (d, $^2J_{\mathrm{P,H}}$ = 5,5 Hz, 6H, *trans*-PMe_2CH₂), 2,05 (s, 12H, 4 × *o*-Me, Mes), 2,29 (s, 6H, 2 × *p*-Me, Mes), 6,87 (s, 4H, 4 × *m*-H, Mes), 6,93 (d, $^3J_{\mathrm{H,H}}$ = 7,5 Hz, 2H, 2 × *m*-H, C₆H₃), 7,35 (t, $^3J_{\mathrm{H,H}}$ = 7,5 Hz, 1H, *p*-H, C₆H₃).

¹H-NMR (300,1 MHz, THF-d_8, 333 K, ppm): δ = 0,02 (s, 3H, SiMe), 0,69 (br, $\nu_{\frac{1}{2}}$ = 10,3 Hz, 6H, *trans*-PMe₂CH_2 und 2 × *cis*-PMeMe'CHH'), 1,27 (s, br, $\nu_{\frac{1}{2}}$ = 20,3 Hz, 18H, 2 × *cis*-PMeMe'CHH' und *trans*-PMe_2CH₂), 2,08 (s, 12H, 4 × *o*-Me, Mes), 2,26 (s, 6H, 2 × *p*-Me, Mes), 6,84 (s, 4H, 4 × *m*-H, Mes), 6,88 (d, $^3J_{\mathrm{H,H}}$ = 7,5 Hz, 2H, 2 × *m*-H, C₆H₃), 7,25 (t, $^3J_{\mathrm{H,H}}$ = 7,5 Hz, 1H, *p*-H, C₆H₃).

¹³C{¹H}-NMR (100,6 MHz, THF-d_8, 298 K, ppm): δ = 0,7 (q, $^3J_{\mathrm{C,P}}$ = 6,8 Hz, 1C, MeSi), 15,4 (br, $\nu_{\frac{1}{2}}$ = 9 Hz, 1C, *trans*-PMe₂CH₂), 15,7 (br, $\nu_{\frac{1}{2}}$ = 4 Hz, 2C, 2 × *cis*-PMeMe'CHH'), 21,35 (s, 4C, 4 × *o*-Me, Mes), 21,44 (s, 2C, 2 × *p*-Me, Mes), 21,8 (d, br, $^1J_{\mathrm{C,P}}$ = 16,1 Hz, $\nu_{\frac{1}{2}}$ = 14 Hz, 2C, *trans*-PMe_2CH₂), 24,8 – 25,1⁶ (m, 2C, 2 × *cis*-PMeMe'CHH'), 33,0 (m, 2C, 2 × *cis*-PMeMe'CHH'), 127,8 (s, 2C, 2 × *m*-C, C₆H₃), 128,5 (s, 1C, *p*-C, C₆H₃), 129,2 (s, 4C, 4 × *m*-C, Mes), 136,2 (s, 2C, 2 × *p*-C, Mes), 137,1 (s, 4C, 4 × *o*-C, Mes), 140,1 (s, 2C, 2 × *i*-C, Mes), 145,0 (s, 2C, 2 × *o*-C, C₆H₃), 166,6 (m, 1C, *i*-C, C₆H₃), 239,2 (br, $\nu_{\frac{1}{2}}$ = 49 Hz, 2C, 2 × CO).

¹³C{¹H}-NMR (75,47 MHz, THF-d_8, 333 K, ppm): δ = 0,6 (q, $^3J_{\mathrm{C,P}}$ = 6,8 Hz), 1C, MeSi), 16,2 (s, br, $\nu_{\frac{1}{2}}$ = 8,5 Hz, 3C, *trans*-PMe₂CH₂ und 2 × *cis*-PMeMe'CHH'), 21,2 (s, 4C, 4 × *o*-Me, Mes), 21,4 (s, 2C, 2 × *p*-Me, Mes), 22,0 (s, br, $\nu_{\frac{1}{2}}$ = 75,2 Hz, 2C, *trans*-

---

6   Das Signal liegt unter dem Lösungsmittelsignal, weshalb die Bestimmung der chemischen Verschiebung und Zuordnung über Korrelationsspektren erfolgten.

PMe_2CH$_2$), 33,2 (s, br, $\nu_{\frac{1}{2}}$ = 51,4 Hz, 2C, 2 × cis-PMeMe'CHH'),
128,0 (s, 2C, 2 × m-C, C$_6$H$_3$), 128,4 (s, 1C, p-C, C$_6$H$_3$), 129,2 (s,
4C, 4 × m-C, Mes), 136,2 (s, 2C, 2 × p-C, Mes), 137,2 (s, 4C, 4 ×
o-C, Mes), 140,2 (s, 2C, 2 × i-C, Mes), 145,1 (s, 2C, 2 × o-C, C$_6$H$_3$).[7]

^{31}P{^{1}H}-NMR (121,5 MHz, C$_6$D$_6$, 298 K, ppm): δ = − 11,0 (br,
$\nu_{\frac{1}{2}}$ = 183 Hz, 3P, 2 × cis-PMeMe'CHH' und $trans$-PMe$_2$CH$_2$).

^{31}P{^{1}H}-NMR (121,5 MHz, THF-d_8, 298 K, ppm): δ = − 10,7 (br,
$\nu_{\frac{1}{2}}$ = 179 Hz, 3P, 2 × cis-PMeMe'CHH' und $trans$-PMe$_2$CH$_2$).

^{31}P{^{1}H}-NMR (121,5 MHz, THF-d_8, 193 K, ppm): δ = − 10,4 (d,
$^2J_{\mathrm{P_{cis},P_{trans}}}$ = 20,9 Hz, 2P, 2 × cis-PMeMe'CHH') − 9,6 (t, $^2J_{\mathrm{P_{cis},P_{trans}}}$
= 20,9 Hz, 1P, $trans$-PMe$_2$CH$_2$).

^{29}Si{^{1}H}-NMR (59,63 MHz, C$_6$D$_6$, 298 K, ppm): δ = − 0,8 (q,
$^2J_{\mathrm{Si,P}}$ = 9,8 Hz, 1Si, MeSi).

4.2.9 Versuch zur Reduktion des Niobgermylidinkomplexes 37

$$[(\kappa^3\text{-tmps})(CO)_2Nb\equiv GeAr^{Mes}] + Cp_2Co \xrightarrow[\quad2h\quad]{\substack{\text{Fluorbenzol,}\\ -30\text{ bis }78\ °C,}} \;/\!/\;$$

37

C$_{36}$H$_{52}$GeNbO$_2$P$_3$Si	C$_{10}$H$_{10}$Co
M = 803,32 g/mol	M = 189,12 g/mol
m = 50 mg	m = 11 mg
n = 0,06 mmol	n = 0,06 mmol

---

[7] Die Signale der Carbonylkohlenstoffatome, des $ipso$-Kohlenstoffatoms des
C$_6$H$_3$-Rings und einer der Methylgruppen der cis-PMeMe'CHH'-Gruppe
wurden bei einer Konzentration von 0,08 $\frac{mol}{L}$ und 3024 Scans nicht detektiert.

Zu einer braunvioletten Lösung von 50 mg (0,06 mmol) des Germylidinkomplexes **37** in 5 mL Fluorbenzol wurde unter Rühren innerhalb von 15 Minuten bei − 30 °C eine dunkle Suspension von 11 mg (0,06 mmol; 1,0 Äq.) Cobaltocen in 5 mL Fluorbenzol getropft. Die entstandene braunviolette Lösung wurde auf Raumtemperatur erwärmt und eine Stunde gerührt. Das FT-IR-Spektrum der Lösung zeigte im Carbonylbereich nur Absorptionsbanden des Germylidinkomplexes **37**. Das Reaktionsgemisch wurde daraufhin zwei Stunden lang auf 78 °C erhitzt und die unveränderte Lösung IR-spektroskopisch untersucht. Das IR-Spektrum war mit dem zuvor gemessenen identisch.

4.2.10 Versuch zur Oxidation des Niobgermylidinkomplexes 37

$$[(\kappa^3\text{-tmps})(CO)_2Nb{\equiv}GeAr^{Mes}] \ + \ \begin{array}{c} [Cp^*_2Fe] \\ [BAr^F_4] \end{array} \ \xrightarrow[- [Cp^*_2Fe]]{\substack{\text{Fluorbenzol,} \\ - 30\,°C, \\ 10\,\text{Min.}}} \ \begin{array}{c} [(\kappa^3\text{-tmps})(CO)_2Nb{\equiv}GeAr^{Mes}] \\ [BAr^F_4] \end{array}$$

37	**44**	
$C_{36}H_{52}GeNbO_2P_3Si$	$C_{52}H_{42}BF_{24}Fe$	$C_{68}H_{64}BF_{24}GeNbO_2P_3Si$
M = 803,32 g/mol	M = 1189,51 g/mol	M = 1666,53 g/mol
m = 50 mg	m = 72 mg	n = 0,06 mmol
n = 0,06	n = 0,06	m = 100 mg

$$Ar^F - C_6H_3\text{-}3,5\text{-}(CF_3)_2$$

Zu einer violettbraunen, auf − 30 °C gekühlten Lösung von 50 mg (0,06 mmol; 1 Äq.) des Niobgermylidinkomplexes **37** in 2,0 mL Fluorbenzol wurde unter Rühren innerhalb von fünf Minuten eine ebenfalls auf − 30 °C gekühlte, grüne Lösung von 72 mg (0,06 mmol, 1 Äq.) des Einelektronenoxidationsmittels **44** in 2,0 mL Fluorbenzol getropft. Zum vollständigen Transfer der restlichen Lösung des Decamethylferroceniumsalzes wurden weitere 0,7 mL Fluorbenzol verwendet. Die grüne Farbe der Lösung verschwand schon beim Eintropfen augenblicklich. Nach beendeter Zugabe lag eine braunrote Lösung vor, welche weitere zehn Minuten gerührt wurde. Die Lösung wurde anschließend bei $-20\,^{\circ}$C im Ölpumpenvakuum auf zirka 1 mL eingeengt und es wurden 10 mL auf dieselbe Temperatur vorgekühltes n-Pentan innerhalb von 45 Minuten hinzugetropft, woraufhin sich ein braunes Öl separierte. Die gelbbraune Mutterlauge wurde abfiltriert und das Öl im Ölpumpenvakuum bei Raumtemperatur eine Stunde getrocknet, wodurch sich ein Schaum bildete, der ^{31}P$\{^{1}$H$\}$-NMR- und IR-spektroskopisch untersucht wurde (s. Diskussion). Die Mutterlauge wurde im Ölpumpenvakuum zur Trockene eingeengt und der so erhaltene gelbbraune Feststoff wurde mit n-Pentan (2×5 mL) extrahiert. Es verblieben wenige Milligramm eines braunen Rückstands. Das Lösungsmittel der gelben Extrakte wurde im Ölpumpenvakuum entfernt und es wurden nach halbstündigem Trocknen im Ölpumpenvakuum 26 mg eines gelben Pulvers isoliert, das anhand der NMR-Daten neben unbekannten Verunreinigungen hauptsächlich Decamethylferrocen als gelbes Pulver enthielt, welches ^{1}H-NMR-spektroskopisch identifiziert wurde ($\delta = 1{,}67$ ppm in C_6D_6).

4.2.11 Reaktion des Niobgermylidinkomplexes **37** mit MeOH

50 mg (0,06 mmol) von Verbindung **37** als magentafarbenes Pulver wurden in 5 mL Toluol gelöst. Zur Lösung wurden bei $-78\,^{\circ}$C innerhalb von einer Minute 0,5 mL einer Stammlösung aus Methanol in Toluol (c = 0,12 $\frac{mol}{L}$; 0,06 mmol; 1 Äq.) getropft. Das Kühlbad wurde entfernt und die Lösung eine Stunde bei Raumtemperatur gerührt. Die IR-spektroskopische Untersuchung der Lösung zeigte im Carbonylbereich nur Absorptionsbanden der Ausgangsverbindung **37**. Die Lösung wurde anschließend drei Stunden lang auf 60 $^{\circ}$C erhitzt und wieder IR-spektroskopisch untersucht. Es zeigte sich keine Veränderung. Das Lösungsmittel wurde im Ölpumpenvakuum entfernt und zum violettbraunen Feststoff 1 mL (790 mg; 24,66 mmol; 411 Äq.) MeOH hinzugegeben. Zur entstandenen Suspension wurden 5 mL Toluol hinzugefügt, sodass eine violettbraune Lösung vorlag, welche 14 Stunden bei Raumtemperatur gerührt und anschließend IR-spektroskopisch untersucht wurde. Sowohl das FT-IR-Spektrum der Lösung als auch das ATR-IR-Spektrum des nach Eindampfen des

Lösungsmittels auf dem ATR-Kristall zurückbleibenden violettbraunen Rückstands zeigten im Carbonylbereich nur Banden des Germylidinkomplexes **37**.

Der Versuch wurde mit 20 mg (0,02 mmol) des Niobgermylidinkomplexes **37**, welche in 3 mL Toluol/Methanol (5/1; 395 mg; 12,33 mmol; 616 Äq.) gelöst wurden, erneut durchgeführt. Die braunviolette Lösung wurde drei Tage bei Raumtemperatur gerührt, das Lösungsmittel anschließend im Ölpumpenvakuum entfernt und der braune Rückstand zwei Stunden im Ölpumpenvakuum getrocknet. Der Feststoff wurde dann IR- und NMR-spektroskopisch untersucht (s. Diskussion).

4.2.12 Reaktion des Niobgermylidinkomplexes **37** mit Wasser

50 mg (0,06 mmol) des Germylidinkomplexes **37** wurden in 5 mL THF gelöst und zur violettbraunen Lösung wurden bei 0 °C 0,2 mL einer Stammlösung von Wasser in THF (c = 0,28 $\frac{mol}{L}$; 0,06 mmol; 1 Äq.) gegeben. Das Kühlbad wurde entfernt und die Lösung eine Stunde bei Raumtemperatur gerührt. Ein FT-IR-Spektrum der Lösung bestätigte, dass keine Reaktion stattgefunden hatte. Die Lösung wurde wieder auf 0 °C gekühlt und es wurde 1 mL Wasser hinzugefügt. Nach Entfernen des Kühlbads wurde die violettbraune Lösung eine Stunde bei Raumtemperatur gerührt. Anschließend wurde das Lösungsmittel im Vakuum entfernt. Als das Volumen auf zirka 1 mL reduziert war, schlug die Farbe nach braun um. Das ^{1}H-NMR-Spektrum dieses Rückstandes in deuteriertem Benzol zeigte jedoch nur wenig neue Signale in geringer Intensität neben denen des eingesetzten Komplexes **37**. Deshalb wurde der Rückstand nochmals in 2 mL THF aufgenommen, mit 1 mL Wasser versetzt und die braune Lösung drei Stunden lang auf 60 °C erhitzt. Nach zwei Stunden schlug die Farbe der Lösung allmählich nach orange um. Nach Entfernen aller flüchtigen Bestandteile im Ölpumpenvakuum verblieb ein blassbrauner Rückstand, welcher IR- und NMR-spektroskopisch untersucht wurde (s. Diskussion).

4.2.13 Synthese von $[(\kappa^3\text{-tmps})(CO)_3Nb-SnAr^{Mes}]$ (45)

$$[Et_4N][(\kappa^2\text{-tmps})Nb(CO)_4] + 2\ Ar^{Mes}SnCl \xrightarrow[\substack{-\ CO \\ -\ [Et_4N][Ar^{Mes}SnCl_2]}]{\substack{Toluol, \\ RT,\ 1\ h}} [(\kappa^3\text{-tmps})(CO)_3NbSnAr^{Mes}]$$

32	**14**	**45**
$C_{22}H_{47}NNbO_4P_3Si$	$C_{24}H_{25}ClSn$	$C_{37}H_{52}NbO_3P_3SiSn$
M = 603,53 g/mol	M = 467,62 g/mol	M = 877,43
m = 154 mg	m = 239 mg	n = 0,26 mmol
n = 0,26 mmol	n = 0,51 mmol	m = 228 mg

Zu einer orangefarbenen Lösung von 154 mg (0,26 mmol) des Niobats **32** in 6 mL Toluol wurde unter Rühren innerhalb einer Minute eine orangefarbene Lösung von 239 mg (0,51 mmol; 2 Äq.) $Ar^{Mes}SnCl$ in 6 mL Toluol getropft. Es schied sich sofort ein braunes Öl von der Lösung ab, die sich rotbraun färbte. Nach einer Stunde wurde die Vollständigkeit der Reaktion IR-spektroskopisch bestätigt. Das rotbraune Reaktionsgemisch wurde filtriert und der braune Filterrückstand verworfen. Das rotbraune Filtrat wurde im Ölpumpenvakuum bis zur Trockene eingeengt und ein rotbrauner Rückstand erhalten, von dem ein Teil in deuteriertem Benzol NMR-spektroskopisch untersucht wurde. Der restliche Rückstand wurde mit Petrolether 40/60 (3 × 2 mL) und Diethylether (3 × 5 mL) gewaschen. Die jeweils erhaltenen blassroten Mutterlaugen wurden verworfen. Das Rohprodukt wurde anschließend aus 9 mL eines Gemischs aus THF und Diethylether (1/1,25) bei − 60 °C umkristallisiert, die rotbraune Mutterlauge bei gleicher Temperatur abfiltriert, der rotbraune Rückstand mit Petrolether 40/60 (2 × 2 mL) gewaschen und anschließend eine Stunde im Ölpumpenvakuum getrocknet. Es wurden 109 mg von **45** als rotbraunes, luftempfindliches Pulver erhalten, das anhand der ^{1}H-NMR-Daten noch 4 mol% von Verbindung **47** und 45 mol% THF enthielt (entspricht einer Reinheit von 87 %; 0,11 mmol; 43 % der Theorie bezogen auf Verbindung **32**) Die Verbindung ist in aliphatischen Lösungsmitteln und Diethylether kaum, in aromatischen Lösungsmitteln moderat und in THF gut löslich. In Lösung ist die

Substanz photosensitiv und zersetzt sich langsam zum Stannylidin-komplex **47**.

Charakterisierung

IR (Toluol, cm^{-1}) $\nu = 1887$ (m), 1818 (vs), 1794 (s) (ν(CO)).

^{1}H-NMR (300,1 MHz, C$_6$D$_6$, 298 K, ppm): $\delta = -$ 0,29 (s, 3H, *Me*Si), 0,03 (m, 6H, 3 $\times$ C*H$_2$*PMe$_2$), 1,09 (m, 18H, 3 $\times$ CH$_2$P*Me$_2$*), 2,25 (s, 6H, 2 $\times$ *p-Me*, Mes), 2,65 (s, 12H, 4 $\times$ *o-Me*, Mes), 6,88 (s, 4H, 4 $\times$ *m-H*, Mes), 7,31 (d, $^{3}J_{H,H} = 7,5$ Hz, 2H, 2 $\times$ *m-H*, C$_6$H$_3$), 7,50 (t, $^{3}J_{H,H} = 7,5$ Hz, 1H, *p-H* C$_6$H$_3$).

^{31}P\{^{1}H\}-NMR (121,5 MHz, C$_6$D$_6$, 298 K, ppm): $\delta = -$ 18,6 (br, $\nu_{\frac{1}{2}} = 151$ Hz, 3P, 3 $\times$ CH$_2$*P*Me$_2$).

4.2.14 Versuch zur Addition von Tetraethylammoniumchlorid an Ar^{Mes}SnCl

$$[Et_4N]Cl \quad + \quad 2\,Ar^{Mes}SnCl \xrightarrow{\text{THF, RT, 6 d}} [Et_4N][Sn(Ar^{Mes})Cl_2]$$

14		**46**
C$_8$H$_{20}$ClN	C$_{24}$H$_{25}$ClSn	C$_{32}$H$_{45}$Cl$_2$NSn
M = 165,70 g/mol	467,62 g/mol	M = 633,32 g/mol
m = 34 mg	m = 100 mg	n = 0,21 mmol
n = 0,21 mmol	n = 0,21 mmol	m = 133 mg

Ein Gemenge aus 100 mg (0,21 mmol; 1 Äq.) gelbem Chlorostannylen **14** und 34 mg (0,21 mmol, 1 Äq.) trockenem, farblosem Tetraethylammoniumchlorid wurde in THF suspendiert und die gelbe Suspension wurde sechs Tage lang bei Raumtemperatur gerührt. Die gelbe Farbe der Suspension verblasste langsam über einen Zeitraum von 12 Stunden unter Auflösung des Tetraethylammoniumchlorids. Nach 24 Stunden bildete sich wieder ein farbloser Feststoff, dessen Menge im

Verlauf der Reaktion stetig zunahm. Als sich die Farbe der überstehenden Lösung von blassgelb nicht mehr änderte und sich visuell kein weiterer Feststoff mehr bildete, wurde das Lösungsmittel im Ölpumpenvakuum entfernt und der so erhaltene blassgelbe Rückstand eine Stunde getrocknet. Eine quantitative Menge des Stannids **46** wurde so erhalten, die anhand der ^{1}H-NMR-Daten noch Ar^{Mes}H enthält.[8] Das Produkt ist in aliphatischen Lösungsmitteln unlöslich, in Benzol kaum und in THF moderat löslich.

Charakterisierung

^{1}H-NMR (300,1 MHz, C$_6$D$_6$, 298 K, ppm): δ = 0,50 (tt, $^3J_{H,H}$ = 7,4 Hz, $^3J_{N,H}$ = 1,5 Hz, 12H, N(CH$_2$CH_3)$_4$$^+$), 2,26 (s, 6H, 2 × p-Me, Mes), 2,32 (q, $^3J_{H,H}$ = 7,4 Hz, 8H, N(CH_2CH$_3$)$_4$$^+$), 2,56 (s, 12H, 4 × o-Me, Mes), 6,95 (s, 4H, 4 × m-H, Mes), 7,14 − 7,16 (m, 2H, 2 × m-H, C$_6$H$_3$),[9] 7,38 (t, $^3J_{H,H}$ = 7,5 Hz, 1H, p-H, C$_6$H$_3$).

4.2.15 Versuch zur Thermolyse des Stannylenkomplexes 45

[(κ^3-tmps)(CO)$_3$NbSnAr^{Mes}] $\xrightarrow[- CO]{\text{Toluol, 90 °C, 3h}}$ [(κ^3-tmps)(CO)$_2$Nb≡SnAr^{Mes}]

45

C$_{37}$H$_{52}$NbO$_3$P$_3$SiSn
M = 877,43
m = 42 mg
n = 0,05 mmol

47

C$_{36}$H$_{52}$NbO$_2$P$_3$SiSn
M = 849,42 g/mol
n = 0,05 mmol
m = 42 mg

---

[8] Die genaue Menge an enthaltenem Ar^{Mes}H konnte nicht anhand der Integralverhältnisse der charakteristischen ^{1}H-NMR-Signale bestimmt werden, da die gemessene NMR-Probe eine Suspension war. Aufgrund der unterschiedlichen Löslichkeiten des Produkts und der Verunreinigung in Benzol ist es wahrscheinlich, dass die Integrale im ^{1}H-NMR-Spektrum nicht die tatsächliche Zusammensetzung wiedergeben.

[9] Das Signal wird teilweise vom Protonenrestsignal des Lösungsmittels verdeckt.

42 mg (0,05 mmol) des rotbraunen Metallostannylens **45** wurden in 5 mL Toluol gelöst und die rotbraune Lösung wurde drei Stunden lang in einem Schlenkrohr mit Quecksilberüberdruckventil auf 90 °C erhitzt. Nach einer Stunde hatte das Reaktionsgemisch einen violettbraunen Farbton angenommen und es hatte sich ein dunkler Feststoff gebildet. Die Reaktion wurde anhand der IR-Spektren der überstehenden Lösung nach einer, zwei beziehungsweise drei Stunden verfolgt. Es zeigten sich intensive Absorptionsbanden im Carbonylbereich bei $\nu_{CO} = 1851$ und 1791 cm^{-1} neben drei wenig intensiven Banden bei $\nu_{CO} = 1919$, 1887 und 1820 cm^{-1}. Die IR-Spektren der Lösung nach zwei und drei Stunden waren identisch, während die IR-Banden bei $\nu_{CO} = 1887$ und 1820 cm^{-1} im IR-Spektrum nach nur einer Stunde noch intensiver waren. Die Suspension wurde filtriert und der graue unlösliche Filtrationsrückstand verworfen. Das violettbraune Filtrat wurde im Ölpumpenvakuum auf zirka 1 mL konzentriert und 48 Stunden lang bei $-$ 30 °C gelagert. Es kam jedoch zu keiner Kristallisation.

4.2.16 Versuch zur Photolyse des Stannylenkomplexes **45**

$$[(\kappa^3\text{-tmps})(CO)_3NbSnAr^{Mes}] \xrightarrow[-\ CO]{THF,\ h\nu,\ 1h} [(\kappa^3\text{-tmps})(CO)_2Nb\equiv SnAr^{Mes}]$$

45	**47**
$C_{37}H_{52}NbO_3P_3SiSn$	$C_{36}H_{52}NbO_2P_3SiSn$
M = 877,43	M = 849,42 g/mol
m = 20 mg	n = 0,02 mmol
n = 0,02 mmol	m = 17 mg

In einem Schlenkrohr mit Quecksilberüberdruckventil wurden 20 mg (0,02 mmol) des rotbraunen Stannylenkomplexes **45** in 2 mL THF gelöst und die Lösung eine Stunde lang unter Rühren mit dem Licht einer Quecksilberdampflampe (Mitteldruck, 125 W) bestrahlt. Das Reaktionsgemisch färbte sich braunviolett und es fiel ein dunkler Niederschlag aus. Die Suspension wurde FT-IR-spektroskopisch untersucht. Im Carbonylbereich des IR-Spektrums zeigten sich intensive Banden bei ν_{CO} = 1848,1817 und 1787 cm^{-1} neben Banden bei ν_{CO} = 1915, 1898 und 1886 cm^{-1}.

4.2.17 Synthese von [(κ^3-tmps)(CO)$_2$Nb≡SnAr^{Mes}] (47)

$$[Me_4N][(\kappa^2\text{-tmps})Nb(CO)_4] + Ar^{Mes}SnCl \xrightarrow[\substack{- [Me_4N]Cl \\ - 2\,CO}]{\substack{\text{Toluol, } -40 \text{ bis} \\ \text{Rückfluss, 4 h}}} [(\kappa^3\text{-tmps})(CO)_2Nb≡SnAr^{Mes}]$$

	33	14		47
	C$_{18}$H$_{39}$NNbO$_4$P$_3$Si	C$_{24}$H$_{25}$ClSn		C$_{36}$H$_{52}$NbO$_2$P$_3$SiSn
	M = 547,42 g/mol	M = 467,62 g/mol		M = 849,42 g/mol
	m = 103 mg	m = 89 mg		n = 0,19 mmol
	n = 0,19 mmol	n = 0,19 mmol		m = 161 mg

In einem Schlenkrohr wurden 103 mg (0,19 mmol) orangefarbenes Niobmetallat **33** und 89 mg (0,19; 1 Äq.) des gelben Chlorostannylens **14** auf − 40 °C gekühlt und in 10 mL Toluol gleicher Temperatur suspendiert. Die orangebraune Suspension wurde innerhalb einer Stunde auf Raumtemperatur erwärmt und bei dieser Temperatur eine Stunde gerührt. Zum Druckausgleich wurde ein Quecksilberüberdruckventil verwendet. Die IR-spektroskopische Reaktionskontrolle eines Aliquots der Suspension zeigte im Carbonylbereich IR-Absorptionsbanden bei ν_{CO} = 1887 (m), 1852 (w), 1818 (vs) und 1795 (m) cm^{-1} und keine Banden des eingesetzten Metallats (siehe oben). Das Schlenkrohr wurde anschließend mit einem Rückflusskühler samt Quecksilberüberdruckventil versehen und das Reaktionsgemisch zwei Stunden auf Rückfluss erhitzt, woraufhin ein Farbumschlag der Suspension nach violettbraun erkennbar war. Die Suspension wurde zur Reaktionskontrolle IR-spektroskopisch untersucht und zeigte im Carbonylbereich vier IR-Absorptionsbanden bei ν_{CO} = 1886 (vw), 1850 (vs), 1819 (w) und 1791 (vs) cm^{-1}. Das Lösungsmittel wurde im Ölpumpenvakuum entfernt und ein Teil des violettbraunen Rohprodukts in deuteriertem Benzol NMR-spektroskopisch untersucht. Das restliche Rohprodukt wurde mit Toluol/Petrolether 40/60 (1/1; 2 × 10 mL) extrahiert. Der graue Extraktionsrückstand wurde verworfen. Die weinroten Extrakte wurden im Ölpumpenvakuum auf zirka 2 mL konzentriert und zur Kristallisation 48 Stunden bei − 30 °C gelagert. Es bildete sich ein tiefvioletter mikrokristalliner Feststoff, der bei gleicher Temperatur durch Filtration von der weinroten Mutterlauge getrennt wurde. Der Feststoff wurde mit 3 mL n-Pentan versetzt und die Suspension wurde 24 Stunden intensiv gerührt, woraufhin sich die Farbe des Feststoffs leicht aufhellte. Das dann vorliegende violette Pulver wurde von der blass rosa gefärbten überstehenden n-Pentanlösung abfiltriert, mit n-Pentan (2 × 1 mL) gewaschen und zwei Stunden im Ölpumpenvakuum getrocknet. Es wurden so 21 mg (0,02 mmol; 11 % der Theorie bezogen auf das Niobmetallat **33**) des Stannylidinkomplexes **47** als violettes, luftempfindliches Pulver erhalten, welches anhand der ^{1}H-NMR-Daten noch 16 mol% Ar^{Mes}H und 8 mol% des Stannylenkomplexes **45** enthielt. Die Verbindung ist in aliphatischen Lösungsmitteln kaum, in aromatischen Lösungsmitteln mäßig und in THF gut löslich. Lösungen der Substanz zersetzen sich an Luft unter Orangefärbung innerhalb von Sekunden. Werden ihre Lösungen dagegen mehrere Stunden dem Licht ausgesetzt, kommt es zur allmählichen Braunfärbung unter Bildung eines grauen Niederschlags.

Charakterisierung[10]

IR (Toluol, cm^{-1}) $\nu = 1850$ (vs), 1791 (vs) (ν(CO)).

^{1}H-NMR (300,1 MHz, THF-d_8, 298 K, ppm): $\delta = 0{,}03$ (m, br, $\nu_{\frac{1}{2}} = 2{,}3$ Hz, 3H, *Me*Si), 0,74 (m, br, $\nu_{\frac{1}{2}} = 11{,}3$ Hz, 6H, 2 × *cis*-C*HH*'PMe*Me*', *trans*-C*H₂*PMe₂), 1,15 (br, $\nu_{\frac{1}{2}} = 14{,}5$ Hz, 6H, 2 × *cis*-CHH'PMe*Me*'), 1,38 (br, $\nu_{\frac{1}{2}} = 14{,}6$ Hz, 12H, 2 × *cis*-CHH'P*Me*Me',

---

[10]   Da die Verbindung nicht spektroskopisch rein erhalten wurde, sind die spektroskopischen Daten zunächst vorläufig, bis sie durch Untersuchen einer analysenreinen Probe bestätigt werden.

trans-CH$_2$P*Me$_2$*), 2,09 (s, 12H, 4 × *o-Me*, Mes), 2,27 (s, 6H, 2 × *p-Me*, Mes), 6,88 (s, 4H, 4 × *m-H*, Mes), 7,03 (d, $^3J_{H,H}$ = 7,68 Hz, 2H, 2 × *m-H*, C$_6$H$_3$), 7,31 (t, $^3J_{H,H}$ = 7,68 Hz, 1H, *p-H*, C$_6$H$_3$).

^{13}C{^{1}H}-NMR (75,47 MHz, THF-d_8, 298 K, ppm): δ = 0,6 (q, $^3J_{P,C}$ = 6,9 Hz, 1C, *Me*Si), 16,2 (s, br, $\nu_{\frac{1}{2}}$ = 6,8 Hz, 2C, 2 × *cis*-*C*HH'PMeMe'), 16,9 (s, br, $\nu_{\frac{1}{2}}$ = 14,0 Hz, 1C, *trans*-*C*H$_2$PMe$_2$), 21,1 (s, 4C, 4 × *o-Me*, Mes), 21,5 (s, 2C, 2 × *p-Me*, Mes), 22,0 (d, br, $^1J_{P,C}$ = 18,5 Hz, $\nu_{\frac{1}{2}}$ = 40,8 Hz, 2C, *trans*-CH$_2$P*Me$_2$*), 24,7 – 25,8[11] (m, 2C, 2 × *cis*-CHH'P*Me*Me'), 35,2 (s, br, $\nu_{\frac{1}{2}}$ = 25,2 Hz, 2C, 2 × *cis*-CHH'PMe*Me'*), 128,3 (s, 3C, 2 × *m-C*, C$_6$H$_3$, *p-C*, C$_6$H$_3$), 129,3 (s, 4C, 4 × *m-C*, Mes), 136,6 (s, 2C, 2 × *p-C*, Mes), 136,9 (s, 4C, 4 × *o-C*, Mes), 140,6 (s, 2C, 2 × *ipso-C*, Mes), 146,0 (s, 2C, 2 × *o-C*, C$_6$H$_3$), 184,4 (br, $\nu_{\frac{1}{2}}$ = 12,0 Hz, 1C, *ipso-C*, C$_6$H$_3$).[12]

^{31}P{^{1}H}-NMR (121,5 MHz, THF-d_8, 298 K, ppm): δ = − 11,2 (s, br, $\nu_{\frac{1}{2}}$ = 120 Hz, 2P, 2 × *cis*-CHH'P*Me*Me'), − 3,1 (s, br, $\nu_{\frac{1}{2}}$ = 155 Hz, 1P, *trans*-CH$_2$PMe$_2$).

^{29}Si{^{1}H}-NMR (59,63 MHz, THF-d_8, 298 K, ppm): δ = 0,3 (q, $^2J_{P,Si}$ = 9,7 Hz, 1Si, Me*Si*).

---

[11] Das Signal liegt unter dem Lösungsmittelsignal, weshalb die Bestimmung der chemischen Verschiebung und Zuordnung über Korrelationsspektren erfolgten.

[12] Die ^{13}C-NMR-Signale der Carbonylkohlenstoffatome wurden bei einer Probenkonzentration von 0,02 $\frac{mmol}{mL}$ und 10240 Scans nicht detektiert.

Anhang

1 Kristallographische Daten

$[(\kappa^3\text{-tmps})(CO)_2Nb\equiv GeAr^{Mes}] \cdot THF$ (**37**)

Summenformel	$C_{40}H_{60}GeNbO_3P_3Si$
Molare Masse $[\frac{g}{mol}]$	875,38
Temperatur [K]	123,15
Kristallsystem	Monoklin
Raumgruppe	$P2_1$
a [Å]	8,4180(3)
b [Å]	22,9239(7)
c [Å]	11,8653(5)
α [°]	90,00
β [°]	107,548(2)
γ [°]	90,00
Zellvolumen [Å³]	2183,1(1)
Z	2
$\rho_{ber.}$ $[\frac{g}{cm^3}]$	1,332
Absorptionskoeffizient $[mm^{-1}]$	1,122
F(000)	912,0
Kristallgröße [mm]	0,4 x 0,3 x 0,1
Strahlung	MoKα
Bereich der Datenakkumulation (2Θ) [°]	5,06 bis 50,50
Bereich der hkl-Indices	$-10{\leq}h{\leq}8, -27{\leq}k{\leq}25, -14{\leq}l{\leq}13$
Gesammelte Reflexe	8273
Unabhängige Reflexe	6030 [R_{int} = 0,0427; R_{sigma} = 0,0526]
Daten/Einschränkungen/Parameter	6030/1/455
Güte der Anpassung an F^2	1,027
Endgültige R-Indices [I$\geq$2σ(I)]	R_1 = 0,0283; wR_2 = 0,0666
Endgültige R-Indices [Gesamtdatensatz]	R_1 = 0,0305; wR_2 = 0,0675
höchste/geringste Restelektronendichte $[\frac{e}{Å^3}]$	0,38/$-$0,77
Flackparameter	$-$0,010(7)

$[(\kappa^3\text{-tmps})(CO)_2Nb\equiv SnAr^{Mes}] \cdot$ Toluol (**47**)

Identifikationsnummer	3697f
Summenformel	$C_{43}H_{60}NbO_2P_3SiSn$
Molare Masse $[\frac{g}{mol}]$	941,51
Temperatur [K]	100
Kristallsystem	Monoklin
Raumgruppe	$P2_1$
a [Å]	8,5148(6)
b [Å]	23,257(2)
c [Å]	12,0766(8)
α [°]	90,00
β [°]	108,779(2)
γ [°]	90,00
Zellvolumen [Å^3]	2264,3(3)
Z	2
$\rho_{ber.}$ $[\frac{g}{cm^3}]$	1,381
Absorptionskoeffizient [mm^{-1}]	0,971
F(000)	968,0
Kristallgröße [mm]	0,12 x 0,09 x 0,04
Strahlung	MoKα
Bereich der Datenakkumulation (2Θ) [°]	5,45 bis 55,998
Bereich der hkl-Indices	$-11\leq h\leq 10, -30\leq k\leq 30, -15\leq l\leq 15$
Gesammelte Reflexe	20515
Unabhängige Reflexe	10697 [$R_{int} = 0,0408$; $R_{sigma} = 0,0641$]
Daten/Einschränkungen/Parameter	10697/25/475
Güte der Anpassung an F^2	1,233
Endgültige R-Indices [$I\geq2\sigma(I)$]	$R_1 = 0,0703$; $wR_2 = 0,1707$
Endgültige R-Indices [Gesamtdatensatz]	$R_1 = 0,0782$; $wR_2 = 0,1737$
höchste/geringste Restelektronendichte $[\frac{e}{Å^3}]$	3,40/$-$ 2,85
Flackparameter	$-$ 0,17(5)

2 Versuchs- und Spektrenverzeichnis

Aufgelistet sind die Substanznamen beziehungsweise Versuchsnamen, die Ansatznummer des im Experimentellen Teil beschriebenen Versuchs mit Seitenzahl des Laborjournals sowie die dazugehörigen Spektren und analytischen Verfahren. Sind für eine Substanz/einen Versuch mehrere Ansätze genannt, wurden zusätzliche angaben zur Charakterisierung aus diesen Ansätzen übernommen.

Substanzname	Ansatznummer (Seite)	Spektren/Analysen
$[Et_4N][Nb(CO)_6]$	DH-24 (S. I-84)	^{1}H-, ^{13}C$\{^1$H$\}$-NMR (THF-d_8, 21m3a055.14), FT-IR-Spektrum(THF, DH24(THF))
$[(\kappa^3\text{-tmps})Nb(CO)_3I]$ (**31**)	DH-25 (S. I-86)	^{1}H-, ^{31}P$\{^1$H$\}$-NMR (CD$_2$Cl$_2$, 19m3b059.14), *in situ* ATR-IR-Spektrum (THF-Film, DH25IS1), FT-IR-Spektrum (THF, DH-25(THF)), FT-IR-Spektrum (CH$_2$Cl$_2$, DH-25(CH2Cl2))
$[Et_4N][(\kappa^2\text{-tmps})Nb(CO)_4]$ (**32**)	DH-31 (S. I-98)	^{1}H-,^{31}P$\{^1$H$\}$-, ^{29}Si$\{^1$H$\}$-, ^{13}C$\{^1$H$\}$-NMR, ^{1}H-^{13}C-NMR-Korrelationsspektren (HMQC, HMBC) (THF-d_8, 21m3a048.14), *in situ* FT-IR-Spektren (THF, DH31IS1, 2, 3, 4)
	DH-35 (S. I-106)	FT-IR-Spektrum (THF, Metallat 90C 1H)
$[Me_4N][Nb(CO)_6]$ (**24**)	DH-50 (S. I-138)	^{1}H-, ^{13}C$\{^1$H$\}$-NMR (CD$_3$CN, 30x4a019.14), FT-IR-Spektrum (THF , DH50(THF)), FT-IR-Spektrum (MeCN , DH50(MeCN)4h), EA

Substanzname	Ansatznummer (Seite)	Spektren/Analysen
$[Me_4N][(\kappa^2\text{-tmps})Nb(CO)_4]$ (**33**)	DH-56 (S.I-156)	^{1}H-, ^{31}P$\{^1$H$\}$-NMR (C_6D_6, 30m3b025.14), ^{1}H-, ^{31}P$\{^1$H$\}$-NMR, ^{1}H-^{13}C-NMR-Korrelationsspektren (HMQC, HMBC) (THF-d_8, 31x3a003.14), ^{29}Si$\{^1$H$\}$-NMR (THF-d_8, 31m3a017.14), ^{13}C$\{^1$H$\}$-NMR (THF-d_8, 31x4a036.14), *in situ* FT-IR-Spektren (THF, DH-56IS1, 2), FT-IR-Spektrum (Toluol, DH56(Toluol)), EA-1303
$[Et_4N][V(CO)_6]$ (**25**)	DH-41 (S. 120)	^{1}H-NMR (CD_3CN, 29m3b012.14), ATR-IR-Spektrum (DH-41-2.0), FT-IR-Spektrum (THF, DH41(THF)2)
$[Et_4N][(\kappa^3\text{-tmps})V(CO)_3]$ (**34**)	DH-57 (S. I-158)	^{1}H-, ^{31}P$\{^1$H$\}$-NMR (THF-d_8, 31m3b019.14), *in situ* FT-IR-Spektren (THF, DH57IS1 – 5)
	DH-42 (S. I-122)	FT-IR-Spektrum (THF, DH42(THF))
$[(\kappa^3\text{-tmps})(CO)_2Nb{\equiv}GeAr^{Mes}]$ (**37**)	DH-66 (S. I-176)	^{1}H-NMR (C_6D_6, 38m3b007.14), VT-^{1}H-NMR, VT-^{31}P$\{^1$H$\}$-NMR (THF-d_8, 39m3mTT001.14), VT-^{1}H-NMR, VT-^{31}P$\{^1$H$\}$-NMR, VT-^{13}C$\{^1$H$\}$-NMR (THF-d_8, 42m3mHT1.14), *in situ* FT-IR-Spektrum (Toluol, DH66IS1), EA-1312

Substanzname	Ansatznummer (Seite)	Spektren/Analysen
	DH-55 (S. I-154)	^{31}P{^{1}H}-NMR (C_6D_6, 30m3b027) ^{13}C{^{1}H}-, ^{29}Si{^{1}H}-NMR (THF-d_8, 31x4a014.14), ^{1}H-, ^{31}P{^{1}H}-NMR, ^{1}H-^{13}C-NMR-Korrelationsspektren (HMQC, HMBC) (THF-d_8, 31x3a001.14), FT-IR-Spektrum (Fluorbenzol, DH55(Fluorbenzol)), Kristallstruktur (3550)
Versuch zur Reduktion von **37**	DH-71 (S. II-13)	*in situ* FT-IR-Spektren (Fluorbenzol, DH72IS1, 2)
Versuch zur Oxidation von **37**	DH-65 (S. I-175)	^{31}P{^{1}H}-NMR (Fluorbenzol, 33m3a029.14), FT-IR-Spektrum (Toluol, DH65Toluol), FT-IR-Spektrum (THF, DH65THF)
Reaktion von **37** mit MeOH	DH-59 (S. I-162) DH-73 (S. II-14)	*in situ* FT-IR-Spektren (Toluol, DH59IS1, -2) ^{1}H-, ^{31}P{^{1}H}-NMR (C_6D_6, 42m3a031.14), FT-IR-Spektrum (THF, DH73roh)
Reaktion von **37** mit Wasser	DH-60 (S. I-164)	*in situ* FT-IR-Spektrum (THF, DH60IS1Äq), ^{1}H-, ^{31}P{^{1}H}-NMR (C_6D_6, 31m3b025.14), ^{1}H-, ^{31}P{^{1}H}-NMR (C_6D_6, 32x4a015.14)
	DH-70 (S. II-8)	*in situ* FT-IR-Spektren (THF, DH70IS1, 2), FT-IR-Spektrum (THF, DH70Ex), ^{1}H-, ^{31}P{^{1}H}-NMR (C_6D_6, 39m3a025.14)

Substanzname	Ansatznummer (Seite)	Spektren/Analysen
$[(\kappa^3\text{-tmps})(CO)_3Nb-SnAr^{Mes}]$ (**45**)	DH-43 (S. I-124)	*in situ* ATR-IR-Spektren (Toluolfilm, DH43IS1, 2), ^{1}H-, ^{31}P{^{1}H}-NMR (C_6D_6, 26m3b026.14)
Versuch zur Addition von Tetraethylammoniumchlorid an $Ar^{Mes}SnCl$	DH-67 (S. I-178)	^{1}H-NMR (C_6D_6, 38m3a002.14)
Versuch zur Thermolyse des Stannylenkomplexes **45**	DH-68 (S. I-180)	*in situ* FT-IR-Spektren (Toluol, DH-68IS1, 2, 3)
Versuch zur Photolyse des Stannylenkomplexes **45**	DH-68.2 (S. I-183)	*in situ* FT-IR-Spektrum (THF, DH-69IS1)
$[(\kappa^3\text{-tmps})(CO)_2Nb\equiv SnAr^{Mes}]$ (**47**)	DH-72 (S. II-11)	*in situ* FT-IR-Spektren (Toluol, DH72-IS1, 2), FT-IR-Spektrum (Toluol, DH72(Tol)), ^{1}H-, ^{13}C{^{1}H}-, ^{29}Si{^{1}H}-, ^{31}P{^{1}H}-NMR, ^{1}H-^{13}C-NMR-Korrelationsspektren (HMQC, HMBC), dept 135 (THF-d_8, 39m3b016.14), ^{1}H-, ^{31}P{^{1}H}-NMR (C_6D_6, 39m3a024.14)
	DH-69 (S. II-7)	*in situ* FT-IR-Spektren (Toluol, DH69-IS1, 2, 3), ^{1}H-, ^{31}P{^{1}H}-NMR (C_6D_6, 38m3b001.14), Kristallstuktur (3697)

3 NMR-Spektren

Aufgeführt sind alle Spektren, die im Diskussionsteil zur besseren Übersicht nur in Ausschnitten abgebildet werden konnten.

^{13}C{^{1}H}-NMR-Spektrum von Verbindung **33** in THF-d_8

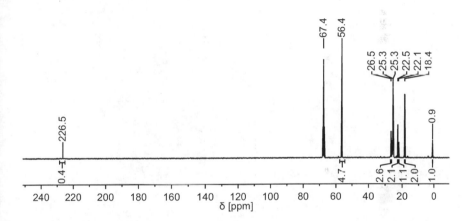

^{1}H-NMR-Spektrum des Germylidinkomplexes **37** in THF-d_8 bei einer Messtemperatur von − 70 °C

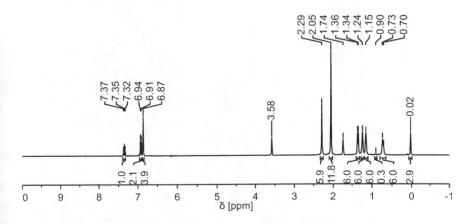

^{1}H-NMR-Spektrum des Germylidinkomplexes **37** in THF-d_8 bei einer Messtemperatur von 40 °C

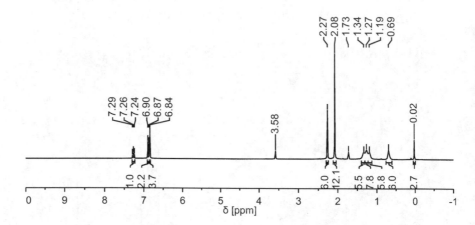

^{1}H-NMR-Spektrum des Germylidinkomplexes **37** in THF-d_8 bei einer Messtemperatur von 60 °C

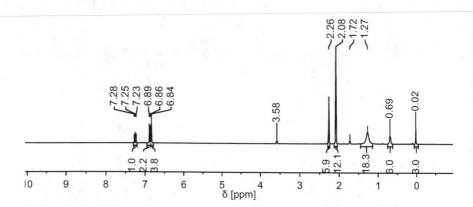

^{31}P{^{1}H}-NMR-Spektrum des Germylidinkomplexes **37** in THF-d_8
bei einer Messtemperatur von $-$ 80 °C

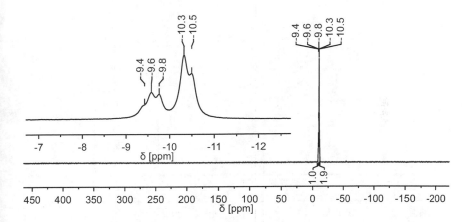

^{31}P{^{1}H}-NMR-Spektrum des Germylidinkomplexes **37** in THF-d_8
bei einer Messtemperatur von 60 °C

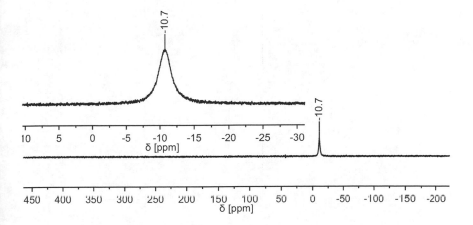

^{13}C{^{1}H}-NMR-Spektrum des Germylidinkomplexes **37** in THF-d_8
bei einer Messtemperatur von 60 °C

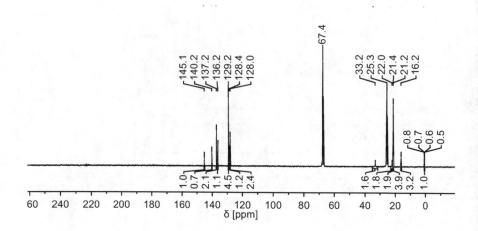

4 Liste der verwendeten Abkürzungen

Äq.	Äquivalent(e)
Ar^R	$2,6-R_2$-phenyl
ATR	abgeschwächte Totalreflexion
Cp	Cyclopentadienyl bzw. -id
Cp*	Pentamethylcyclopentadienyl bzw. -id
d	Dublett
depe	1,2-Bis(diethylphosphino)ethan
dec	Decett
dept	distortionless enhancement by polarisation transfer
DME	1,2-Dimethoxyethan
dmpe	1,2-Bis(dimethylphosphino)ethan
dppe	1,2-Bis(diphenylphosphino)ethan
et al.	und andere (lat. et alii)
FT-	Fourier-Transform-
HMBC	heteronuclear multiple bond correlation
HMQC	heteronuclear multiple quantum coherence
Hz	Hertz
i-	*ipso-*
$Im-Me_4$	Tetramethylimidazol-2-yliden
^iPr	*iso*-Propyl
IR-	Infrarot-
m-	*meta-*
Mes	Mesityl
Mes*	2,4,6-Tris(*tert*-butyl)phenyl
Min.	Minute(n)
nacnac	$(2,6-^iPr_2-C_6H_3)NC(Me)CHC(Me)N(C_6H_3-2,6-^iPr_2)$
NHC	N-heterozyklisches Carben
NMR	Kernspinresonanz (engl. nuclear magnetic resonance)
o-	*ortho-*
p-	*para-*
Ph	Phenyl
ppm	parts per million

p-tol	*para*-Tolyl
q	Quartett
RT	Raumtemperatur
S.	Seite
s.	siehe
s	Singulett
t	Triplett
*t*Bu	*tert*-Butyl
THF	Tetrahydrofuran
tmps	Methyltris(dimethylphosphinomethyl)silan
TMS	Trimethylsilyl
trimpsi	*tert*-Butyltris(dimethylphosphinomethyl)silan
Trip	2,4,6-Tris(isopropyl)phenyl
vgl.	vergleiche

Literaturverzeichnis

[1] E. O. Fischer, G. Kreis, C. G. Kreiter, J. Mülle, G. Huttner, H. Lorenz, *Angew. Chem.* **1973**, *85*, 618–620.

[2] R. Steudel, J. E. Huheey, E. A. Keiter, R. L. Keiter, *Anorganische Chemie: Prinzipien von Struktur und Reaktivität 4. Aufl.*, de Gruyter, Berlin u.a., **2012**, S. 764–767.

[3] S. J. McLain, C. D. Wood, L. W. Messerle, R. R. Schrock, F. J. Hollander, W. J. Youngs, M. R. Churchill, *J. Am. Chem. Soc.* **1978**, *100*, 5962–5964.

[4] R. R. Schrock, *J. Chem. Soc., Dalton Trans.* **2001**, 2541–2550.

[5] J. D. Fellmann, H. W. Turner, R. R. Schrock, *J. Am. Chem. Soc.* **1980**, *102*, 6608–6609.

[6] M. R. Churchill, H. J. Wasserman, H. W. Turner, R. R. Schrock, *J. Am. Chem. Soc.* **1982**, *104*, 1710–1716.

[7] B. S. Bronk, J. D. Protasiewicz, S. J. Lippard, *Organometallics* **1995**, *14*, 1385–1392.

[8] B. S. Bronk, J. D. Protasiewicz, L. E. Pence, S. J. Lippard, *Organometallics* **1995**, *14*, 2177–2187.

[9] E. M. Carnahan, S. J. Lippard, *J. Am. Chem. Soc.* **1990**, *112*, 3230–3231.

[10] E. M. Carnahan, S. J. Lippard, *J. Am. Chem. Soc.* **1992**, *114*, 4166–4174.

[11] J. D. Protasiewicz, B. S. Bronk, A. Masschelein, S. J. Lippard, *Organometallics* **1994**, *13*, 1300–1311.

[12] J. D. Protasiewicz, S. J. Lippard, *J. Am. Chem. Soc.* **1991**, *113*, 6564–6570.

[13] J. D. Protasiewicz, A. Masschelein, S. J. Lippard, *J. Am. Chem. Soc.* **1993**, *115*, 808–810.

[14] R. N. Vrtis, S. Liu, C. P. Rao, S. G. Bott, S. J. Lippard, *Organometallics* **1991**, *10*, 275–285.

[15] R. N. Vrtis, C. P. Rao, S. Warner, S. J. Lippard, *J. Am. Chem. Soc.* **1988**, *110*, 2669–2670.

[16] F. Basuli, B. C. Bailey, D. Brown, J. Tomaszewski, J. C. Huffman, M.-H. Baik, D. J. Mindiola, *J. Am. Chem. Soc.* **2004**, *126*, 10506–10507.

[17] D. Adhikari, F. Basuli, J. H. Orlando, X. Gao, J. C. Huffman, M. Pink, D. J. Mindiola, *Organometallics* **2009**, *28*, 4115–4125.

[18] F. Basuli, U. J. Kilgore, X. Hu, K. Meyer, M. Pink, J. C. Huffman, D. J. Mindiola, *Angew. Chem.* **2004**, *116*, 3218–3221.

[19] X. Li, H. Sun, K. Harms, J. Sundermeyer, *Organometallics* **2005**, *24*, 4699–4701.

[20] R. S. Simons, P. P. Power, *J. Am. Chem. Soc.* **1996**, *118*, 11966–11967.

[21] L. Pu, B. Twamley, S. T. Haubrich, M. M. Olmstead, B. V. Mork, R. S. Simons, P. P. Power, *J. Am. Chem. Soc.* **2000**, *122*, 650–656.

[22] B. E. Eichler, A. D. Phillips, S. T. Haubrich, B. V. Mork, P. P. Power, *Organometallics* **2002**, *21*, 5622–5627.

[23] L. Pu, P. P. Power, I. Boltes, R. Herbst-Irmer, *Organometallics* **2000**, *19*, 352–356.

[24] A. C. Filippou, P. Portius, A. I. Philippopoulos, H. Rohde, *Angew. Chem.* **2003**, *115*, 461–464.

[25] A. C. Filippou, H. Rohde, G. Schnakenburg, *Angew. Chem.* **2004**, *116*, 2293–2297.

[26] A. C. Filippou, N. Weidemann, A. I. Philippopoulos, G. Schnakenburg, *Angew. Chem.* **2006**, *118*, 6133–6137.

[27] A. C. Filippou, A. I. Philippopoulos, P. Portius, D. U. Neumann, *Angew. Chem.* **2000**, *112*, 2881–2884.

[28] A. C. Filippou, O. Chernov, K. W. Stumpf, G. Schnakenburg, *Angew. Chem.* **2010**, *122*, 3368–3372.

[29] A. C. Filippou, O. Chernov, B. Blom, K. W. Stumpf, G. Schnakenburg, *Chem. Eur. J.* **2010**, *16*, 2866–2872.

[30] H. Hashimoto, T. Fukuda, H. Tobita, M. Ray, S. Sakaki, *Angew. Chem.* **2012**, *124*, 2984–2987.

[31] A. Lülsdorf, *pers. Mitteilung*, Universität Bonn, **2014**.

[32] L. Arizpe, *pers. Mitteilung*, Universität Bonn, **2013**.

[33] A. C. Filippou, P. Ghana, U. Chakraborty, G. Schnakenburg, *J. Am. Chem. Soc.* **2013**, *135*, 11525–11528.

[34] A. C. Filippou, U. Chakraborty, G. Schnakenburg, *Chem. Eur. J.* **2013**, *19*, 5676–5686.

[35] B. Blom, Dissertation, Rheinische Friedrich-Wilhelms-Universität, Bonn, **2011**.

[36] D. Geiß, Diplomarbeit, Rheinische Friedrich-Wilhelms-Universität, Bonn, **2010**.

[37] I. Papazoglou, *pers. Mitteilung*, Universität Bonn, **2014**.

[38] K. M. Pfahl, J. E. Ellis, *Organometallics* **1984**, *3*, 230–233.

[39] H. H. Karsch, A. Appelt, *Z. Naturforsch., B: Chem. Sci.* **1983**, *38B*, 1399.

[40] P. J. Daff, P. Legzdins, S. J. Rettig, *J. Am. Chem. Soc.* **1998**, *120*, 2688–2689.

[41] D. Hoffmann, *Forschungsbericht zum Vertiefungspraktikum MCh 3*, Rheinische Friedrich-Wilhelms-Universität, Bonn, **2014**.

[42] M. L. Luetkens, W. L. Elcesser, J. C. Huffman, A. P. Sattelberger, *Inorg. Chem.* **1984**, *23*, 1718–1726.

[43] C. G. Dewey, J. E. Ellis, K. L. Fjare, K. M. Pfahl, G. F. P. Warnock, *Organometallics* **1983**, *2*, 388–391.

[44] V. J. Sussman, J. E. Ellis, *Angew. Chem.* **2008**, *120*, 494–499.

[45] J. A. Iggo, *NMR spectroscopy in inorganic chemistry*, Bd. 83 von *Oxford chemistry primers*, Oxford University Press, Oxford u.a., **1999**, S. 4–5.

[46] J. W. Akitt, B. E. Mann, *NMR and chemistry: An introduction to modern NMR spectroscopy 4. Aufl.*, S. Thornes, Cheltenham, U.K, **2000**, S. 109–117.

[47] F. Calderazzo, U. Englert, G. Pampaloni, G. Pelizzi, R. Zamboni, *Inorg. Chem.* **1983**, *22*, 1865–1870.

[48] K. McNeill, R. A. Andersen, R. G. Bergman, *J. Am. Chem. Soc.* **1997**, *119*, 11244–11254.

[49] K. A. Thoreson, A. D. Follett, K. McNeill, *Inorg. Chem.* **2010**, *49*, 3942–3949.

[50] T. G. Gardner, G. S. Girolami, *Organometallics* **1987**, *6*, 2551–2556.

[51] H. H. Karsch, H. Schmidbaur, *Z. Naturforsch., B: Chem. Sci.* **1977**, *32*, 762.

[52] F. Calderazzo, M. Castellani, G. Pampaloni, P. F. Zanazzi, *J. Chem. Soc., Dalton Trans.* **1985**, 1989.

[53] T. W. Hayton, P. J. Daff, P. Legzdins, S. J. Rettig, B. O. Patrick, *Inorg. Chem.* **2002**, *41*, 4114–4126.

[54] J. E. Ellis, R. A. Faltynck, *J. Organomet. Chem.* **1975**, *93*, 205–217.

[55] A. Davison, J. Ellis, *J. Organomet. Chem.* **1971**, *31*, 239–247.

[56] D. Rehder, P. Oltmanns, M. Hoch, C. Weidemann, W. Priebsch, *J. Organomet. Chem.* **1986**, *308*, 19–26.

[57] K. Bachmann, D. Rehder, *J. Organomet. Chem.* **1984**, *276*, 177–183.

[58] R. H. Crabtree, *The organometallic chemistry of the transition metals 5. Aufl.*, Wiley, Hoboken, **2009**, S. 264–266.

[59] L. J. Todd, J. R. Wilkinson, *J. Organomet. Chem.* **1974**, *77*, 1–25.

[60] I. Müller, D. Rehder, *J. Organomet. Chem.* **1977**, *139*, 293–304.

[61] R. H. Crabtree, *The organometallic chemistry of the transition metals 5. Aufl.*, Wiley, Hoboken, **2009**, S. 285.

[62] A. C. Filippou, K. W. Stumpf, O. Chernov, G. Schnakenburg, *Organometallics* **2012**, *31*, 748–755.

[63] J. F. Hartwig, *Organotransition metal chemistry: From bonding to catalysis*, University Science Books, Sausalito u.a., **2010**, S. 46.

[64] A. Bondi, *J. Phys. Chem.* **1964**, *68*, 441–451.

[65] P. Pyykkö, S. Riedel, M. Patzschke, *Chem. Eur. J.* **2005**, *11*, 3511–3520.

[66] A. F. Holleman, E. Wiberg, N. Wiberg, *Lehrbuch der anorganischen Chemie 102. Aufl.*, de Gruyter, Berlin u.a., **2007**, S. 2146–2149.

[67] A. Antiñolo, F. Carrillo-Hermosilla, A. Castel, M. Fajardo, J. Fernández-Baeza, M. Lanfranchi, A. Otero, M. A. Pellinghelli, G. Rima, J. Satgé, E. Villaseñor, *Organometallics* **1998**, *17*, 1523–1529.

[68] Y. Skripkin, O. Volkov, A. Pasynskii, A. Antsyshkina, L. Dikareva, V. Ostrikova, M. Porai-Koshits, S. Davydova, S. Sakharov, *J. Organomet. Chem.* **1984**, *263*, 345–357.

[69] M. Hesse, H. Meier, B. Zeeh, *Spektroskopische Methoden in der organischen Chemie 7. Aufl.*, Thieme, Stuttgart u.a., **2005**, S. 49.

[70] L.-C. Pop, N. Kurokawa, H. Ebata, K. Tomizawa, T. Tajima, M. Ikeda, M. Yoshioka, M. Biesemans, R. Willem, M. Minoura, M. Saito, *Can. J. Chem.* **2014**, *92*, 542–548.

[71] P. Rivière, M. Rivière-Baudet, A. Castel, J. Satgé, E. A. Lavabre, *Synth. React. Inorg. Met.-Org. Chem.* **1987**, *17*, 539–557.

[72] P. Rivière, G. Dousse, J. Satge, *Synth. React. Inorg. Met.-Org. Chem.* **2006**, *4*, 281–293.

[73] K. W. Stumpf, *pers. Mitteilung*, Universität Bonn, **2014**.

[74] J. Heinze, *Angew. Chem.* **1984**, *96*, 823–840.

[75] J. Koehler, J. Meiler, *Prog. Nucl. Magn. Reson. Spectrosc.* **2011**, *59*, 360–389.

[76] R. H. Crabtree, *The organometallic chemistry of the transition metals 5. Aufl.*, Wiley, Hoboken, **2009**, S. 268 und 289.

[77] P. Pyykkö, M. Atsumi, *Chem. Eur. J.* **2009**, *15*, 12770–12779.

[78] R. Steudel, J. E. Huheey, E. A. Keiter, R. L. Keiter, *Anorganische Chemie: Prinzipien von Struktur und Reaktivität 4. Aufl.*, de Gruyter, Berlin u.a., **2012**, S. 335.

[79] K. W. Stumpf, Dissertation, Rheinische Friedrich-Wilhelms-Universität, Bonn, **2014**.

[80] K. Ruhlandt-Senge, J. J. Ellison, R. J. Wehmschulte, F. Pauer, P. P. Power, *J. Am. Chem. Soc.* **1993**, *115*, 11353–11357.

[81] R. S. Simons, L. Pu, M. M. Olmstead, P. P. Power, *Organometallics* **1997**, *16*, 1920–1925.

[82] J. Kouvetakis, A. Haaland, D. J. Shorokhov, H. V. Volden, G. V. Girichev, V. I. Sokolov, P. Matsunaga, *J. Am. Chem. Soc.* **1998**, *120*, 6738–6744.

[83] A. Saednya, H. Hart, *Synthesis* **1996**, *1996*, 1455–1458.

[84] I. Chávez, A. Alvarez-Carena, E. Molins, A. Roig, W. Maniukiewicz, A. Arancibia, V. Arancibia, H. Brand, J. Manuel Manriquez, *J. Organomet. Chem.* **2000**, *601*, 126–132.

[85] M. L. Luetkens, A. P. Sattelberger, H. H. Murray, J. D. Basil, J. P. Fackler, R. A. Jones, D. E. Heaton in *Inorganic Syntheses*, *Bd. 26*, H. D. Kaesz (Hrsg.), John Wiley & Sons, Inc, Hoboken, **1989**, S. 7–12.

Printed in the United States
By Bookmasters